MEETING DESIGN
FOR MANAGERS, MAKERS, AND EVERYONE

Meeting Design
For Managers, Makers, and Everyone
by Kevin M. Hoffman

© 2018 Rosenfeld Media, LLC
540 President Street
Brooklyn, New York
11215 USA
www.rosenfeldmedia.com

Japanese translation published
by arrangement with Rosenfeld Media, LLC
through The English Agency (Japan) Ltd.

The Japanese edition was published in 2018 by BNN, Inc.
1-20-6, Ebisu-minami, Shibuya-ku,
Tokyo 150-0022 JAPAN
www.bnn.co.jp
2018 ©BNN, Inc.
All Rights Reserved.
Printed in Japan

凡例
・訳注、編注は〔〕で括った。

ミーティングのデザイン

エンジニア、デザイナー、マネージャーが知っておくべき会議設計・運営ガイド

ケビン・M・ホフマン 著　　安藤貴子 訳

目 次

まえがき（ジェフ・ゴーセルフ）... 8
イントロダクション 11

第1部
ミーティングデザインの理論と実践 18

① ミーティングをデザインする 20
巧みにデザインされたミーティングとはどんなものか 22
既存のミーティングにデザイン思考を取り入れる 24
問題を見きわめる 26
さまざまな形式を検討する 28
微調整を加えてその成果を評価する 30
ミーティングが役割を終えたことを認める 31
「ミーティング」のよりよい定義とは 32
覚えておこう 33

② ミーティングにおけるデザイン上の制約 36
ミーティングと記憶の良し悪しは比例する 37
ミーティングで記憶力はどう働いているか 38
脳のインプットモード 44
〈コラム〉ミーティングで出席者が口にすべき食べ物とは？ 49
ジェーンのミーティングで脳を活用すると 58
覚えておこう 60

4

③ アイデア、人、時間に合わせてアジェンダを作る ... 62

- アジェンダの幻想 ... 64
- アイデアの数を数えてから人の数を決める ... 65
- 人々を知る ... 69
- 時間に応じてアイデアの数を決める ... 70
- 「5つのコンセプトグループ」をミーティングに活かす ... 71
- 5つのコンセプトグループが十分でないとき ... 74
- アジェンダを計算する ... 75
- ミーティングのコスト ... 80
- デイブがもっとしっかりしたアジェンダを作るには ... 81
- 覚えておこう ... 85

④ ファシリテーションによって意見の対立を乗り切る ... 88

- 対立は悪いことばではない ... 90
- ファシリテーションの役割 ... 92
- ファシリテーションの試み ... 96
- リモートミーティングにおける記録とファシリテーションの方法 ... 97
- 話し合いのパターンのファシリテーション ... 99
- 〈コラム〉革新的な考え方と変化をおそれる
  自然な気持ちの葛藤に、どう対処するか？ ... 103
- 覚えておこう ... 108

⑤ ファシリテーションの戦略とスタイル ... 110

- 適切な質問をする ... 112
- ファシリテーションスタイル ... 117
- 〈コラム〉どうすればビジュアル・ファシリテーションを
  始められる？ ... 124
- ファシリテーターの能力の構築 ... 131
- 覚えておこう ... 134

⑥ よりよいミーティングがよりよい組織を作る ... 136

- 2つの文化 ... 137
- ミーティングは新しい文化の理解を助ける ... 138
- 新しい文化の作り方 ... 141
- 〈コラム〉どうすればディスカッションにおいて、人々をものごとの
  新しいやり方に関心を持たせることができるか？ ... 149
- 文化の最大の長所を増幅させる ... 153
- ミーティングに潜む怒りの感情 ... 155
- 覚えておこう ... 156

第2部
デザインされたミーティング 158

⑦ プロジェクトの第一歩はミーティング 160
- セールスミーティング 161
- 〈コラム〉セールスミーティングでどうすれば誠実でいながら
  目標を達成できるか？ 165
- ステークホルダー・インタビュー 168
- 「クイックオフ」：迅速なキックオフミーティング 171
- ブレインストーミング 175
- OKRを活用した戦略ディスカッション 180
- 〈コラム〉ワークショップに時間とコストをかけるだけの価値があることを、
  どうすれば上司やクライアントに納得させられるか 187
- プロジェクト・キックオフワークショップ 190
- 覚えておこう 204

⑧ 中間地点のミーティングで道筋を示す 206
- アジャイル式デイリースクラム 208
- 週に1度のプロジェクトチェックイン 212
- 「リーンコーヒー」チェックイン 215
- プレゼンテーション
  (成果物[納品物]、調査結果、またはコンセプトについての) 219
- 批評 222
- 〈コラム〉必要なのはどんなミーティングか 227
- ワークショップをデザインする（目的を問わず） 231
- 覚えておこう 235

⑨ 最後のミーティングで一件落着 236
- ユーザー受け入れテスト(UAT)の欠陥ログレビュー 237
- アジャイル式レトロスペクティブ（ふり返り） 241
- 事後分析 245
- 〈コラム〉緊迫した意見の対立を
  非暴力コミュニケーションで切り抜ける 251
- 覚えておこう 255

- おわりに 256
- 索引 257
- 謝辞 262
- 著者プロフィール 263

概要：各章サマリー

イントロダクション
→ミーティングは果たすべき役割を果たしていない。

第1部　ミーティングデザインの理論と実践
→効果的なミーティングの枠組みを作り、構築し、最適化し、円滑に進め、成果を測定する。

① **ミーティングをデザインする**
→ミーティングの現状をデザイナー目線で考える。

② **ミーティングにおけるデザイン上の制約**
→人間の脳が課す制約のなかで効果を発揮するディスカッションをデザインする。

③ **アイデア、人、時間に合わせてアジェンダを作る**
→どれくらいの内容を取りあげることができるか。何人出席させることができるか。アジェンダにかかる時間はどれくらいか。

④ **ファシリテーションによって意見の対立を乗り切る**
→どんな組織でもうまくいく一般的なファシリテーションの定義を基盤に、ものごとを前進させる建設的な意見の対立を見きわめる。

⑤ **ファシリテーションの戦略とスタイル**
→しかるべき質問をするだけでファシリテーションが成功するケースがある。だがそうでない場合、ファシリテーターは状況に合わせた対応をする必要がある。

⑥ **よりよいミーティングがよりよい組織を作る**
→ミーティングは組織の文化を映す鏡だ。よりよいミーティングを通じてそれを評価し、新しい文化を打ち立て、変化を起こす。

第2部　デザインされたミーティング
→成果を生み出し意思決定をするためにデザインされたさまざまなミーティングを紹介する。

⑦ **プロジェクトの第一歩はミーティング**
→曖昧さを解消し方向性を打ち出すミーティングで、プロジェクト／プロセスを始める。

⑧ **中間地点のミーティングで道筋を示す**
→プロジェクトが行き詰まっている？　方向性を変える必要がある？　そんなときは、巧みにデザインされた議論を活用してテリトリー・マッピングをしよう。

⑨ **最後のミーティングで一件落着**
→継続的な成長と進化をもたらすミーティングで仕事を締めくくる。

まえがき

ジェフ・ゴーセルフ

　ニューヨーク市に毎日通勤していた頃、私は電車に乗るとスケジュールをチェックしてその日の会議の予定を確認したものだった。どれくらい生産的な話し合いになるかを値踏みして、何をして時間をつぶそうか思案していた。たいていはテーブルの下で携帯メールを打ちまくってやろうと思っていた。適当にしゃべっていればチームからの質問に答えないですむだろうと想像したことも何度かある。準備をして臨み、集中して参加しなければならないと思ったのは一度、せいぜい二度くらいのものだ。

　なぜなのだろう。無視してかまわないミーティングと、真剣に取り組まなければならないミーティングとは、何が違うのだろうか。

　はっきり言おう。私が参加したほとんどのミーティングはひどいものだった。いきなり集められ、準備もお粗末、関わる人が多すぎて先頭に立つ人が1人もいない。それで、どうするか。どうやらさらなるミーティングが必要になるらしい。会社が取り入れたアジャイル手法の決まりごと（スタートアップ、イテレーションの計画会議、レトロスペクティブ）の合計数に、各自が担当するプロジェクトの数を掛け合わせてみよう。仕事で何ごとかを成し遂げるなんて奇跡に近いと思えるだろう。

　なおかつ、いい仕事をするためにはコラボレーションが欠かせない。それは、成功している企業の秘密兵器だ。同僚を集め、彼らの意見を聞き、議論を交わし、次のステップについて明確な意思決定をする必要がある。

　だが近頃出席した会議で、具体的な次のステップを実際に明らかにできて、時間を有効に使えたものはいくつあるだろう。ほとんどの人が、

非常に少ないと答えるはずだ。質の高いミーティングにできるかどうかは人間の能力次第。そのためには、出席者への共感と、彼らの目標に対する明確な認識、さらにはミーティングの組み立て方ばかりでなく、そもそもミーティングを開くべきかどうかまでも決めるための意思決定の枠組みが求められる。

　ソフトウェアの世界で私たちは、アウトプット（何らかの機能を提供すること）への注力から、成果（顧客行動の有意義で測定可能な変化）を目指すことへとマインドセットを変えようと提唱している。そうしたマインドセットによって、何をもって仕事を「完了した」とするかも変わる。同じことがミーティングにも言えるだろう。出席した会議の数（アウトプット）を人々の成功の測定基準としている組織がある。そうした組織の会議では、みな個人の生産性や重要性や貢献をアピールするのに多くの時間を費やすようになるだろう。そんなことが、追い求めている目標にプラスの効果をもたらすとなぜ言えるのか。ただ会議を開きさえすれば、チームやプロジェクトや会社の成功に何らかの影響を及ぼせるわけではないのだ。

　どうすれば、会議に出席する人々がどんな成果を達成しようとしているかを見抜けるようになるだろう？　人々がその成果を実現できるよう役立つソリューションをデザインすることが私たちの務めなはずだ。それはミーティングかもしれない。別の活動かもしれないし、まったく何もしないことかもしれない。

　本書『ミーティングのデザイン』でケビンは、ミーティングをデザインの問題として把握するにはどうすればいいかを解説している。だから

といって、彼のアドバイスを正しく理解するのに、何もデザイナーになる必要はない。ケビンは、質問、アクティビティ、議論といったデザイナーのツールキットをどう適用すればミーティングで最高の成果を生み出せるか、わかりやすく示してくれている。

　ケビンはデザイン思考を巧みに応用し、同僚がほんとうに求めるものは何かを知るための方法を教えている。そして、アジェンダを作成し、幅広い人材の積極的な参加を確保し、誰にもミーティングを時間のムダと思わせないための方法を次々と明らかにしている。なかでも最も重要なのは、ミーティングが実際に必要かどうかを判断し、フォーカスをはっきりさせるためにミーティングを延期する、あるいは取りやめにするための明確な方法だろう。

　私はケビンと以前から公私ともに付き合いがある。詳細なリサーチ、実用主義、ユーモアのセンスにはいつも感服している。そのすべてが、驚くほど練りに練られた価値ある1冊にかたちを変えた。

ジェフ・ゴーセルフ
デザイナー、アジャイル実践者。『Sense and Respond: How Successful Organizations Listen to Customers and Create New Products Continuously』『リーンUX 第2版：アジャイルなチームによるプロダクト開発』著者

イントロダクション

ミーティングはデザインの問題だ

　あなたの毎日の会議は、期待した役割をどの程度果たせているだろうか？　答える前に、自分のキャリアのどれだけの時間が会議に費やされているかを考えてみてほしい。デザイン業界で20年以上働いている私の場合は、数千時間だ。充実した会議もあったが、しかし多くはそうではなかった。アジェンダ〔検討事項や所要時間を含めた会議の議題〕がなく、要領を得ない。議論はとりとめがなく、何ももたらさない。むやみに意見の対立を嫌う。そんな会議ばかり。それに、正直に告白すると、ミーティング中の私の態度はひどいものだった。退屈のあまりにいたずら書きはするわ関係ないメールに気をとられるわ、挙句の果てに居眠りまでする始末。そんなことが少なくとも1回、いやたぶん2回はあったろうか。
　ミーティングが多少円滑に進むようになってきても、それはあまり変わらなかった。ビジネスやマネジメント関連の書籍、ワークショップデ

ザインやファシリテーションの書籍、オンラインミーティングソフト、ソフトウェア開発のアジャイル手法、そして山ほどあるブログやウェブサイトや雑誌には、新しいアプローチが紹介されている。にもかかわらず、今でもほとんどの人は、会議の数が多すぎる、以前と変わっていない、と感じている。マネージャーや経営者ともなれば、その印象はもっと強い。ミーティングに忙殺されているような気がしているのではないだろうか。

ミーティングは、問題が明らかになった、意思決定がなされた、優先順位が決まった、さまざまな見解をもとにソリューションが作られたなど、何かを進捗させて人生に価値を付加するものでなければならない。ところが今のミーティングは、怠惰な習慣と化している。スケジュールが許す限りたくさんの会議に顔を出しはしても、ほんとうの意味で出席しているとは言えない。その習慣を疑問視すれば、ミーティングをあなたの仕事のためになるものにできるだろう。

私がミーティングに興味を持つ理由

　社会人になりたての頃は、自分の仕事がこれほどまでにミーティングの出来不出来に左右されるとは思いもよらなかった。初めてのフルタイムの仕事でメリーランド州バルチモアの公立図書館システムに携わった私は、コミュニティグループの会議に参加した。その会議の目的は、近隣住民が家族を含む自分たちの生活を向上させるにはどんな変化を起こすべきかについて合意を確立することだった。しかし、地域に対する強い思い入れと、さまざまな観点を持つ地域の人々を尊重したい気持ちがせめぎ合うなどの価値観の対立によって、実りのない議論が延々と続いていた。話し合いが極端に民主的だったのだ。誰もが積極的に発言していたが、結論が出ない、無関係な話の脱線だらけに思われた。押しの強い人たちがその場を牛耳り、もの静かな人たちの有望なアイデア

無視される。興味といら立ちが同居する、私にとってはそんな会議だった。

　ミーティングへの興味とイライラはその先もずっとついて回った。デザイン会社、そして自分自身のデザインコンサルティング会社で大規模なデジタルデザインプロジェクトのリーダーやファシリテーターを務めるようになってからも。扱ったどのクライアントも、考えに考え抜き、多大なエネルギーを注いでプロジェクトスコープを決定し、そのスコープを実現させるための資金や人材を集め、パートナーシップを締結するために奮闘していた。それなのに、進捗を後押しするエネルギーに欠けた分別のないミーティングを繰り返すプロジェクトがあまりにも多かった。よくあるのが、1時間も使ってクライアントが電話で必要条件を言うのをただ聞いているといったケース。そんなことをするくらいなら、前もって必要条件が明記された文書を読んでおき、ミーティングを直面している問題の理解、いや解決する場として使うほうが時間をより有効に使えるだろう（図I.1）。

図I.1　ただ読むためだけに集まる、恐怖の文書レビュー。

あてのない話し合いのあと、私はミーティングをデザインの問題としてとらえ直すことにした。「デザインによって、ミーティングを有益かつ魅力的なものにできる」。このシンプルな前提が、可能性を切り開く。デザインの制約を知れば、ミーティングがなぜ失敗に終わるのかをより深く理解することができる。ファシリテーションスタイル、組織文化、ミーティングが生み出すべき成果の関係を俯瞰で眺めることができる。デザインのアプローチをミーティングに適用すれば、複雑な大企業でさえ、ミーティングの効率を向上させることは可能だ。そのためには、ウェブサイトやブランドなどをターゲットにしたデザインプロセスと同じレベルのリサーチと意思が求められる。

人々がミーティングで役割を果たす力になりたい

　ミーティングで私と同じような経験をしたことは誰にでもあるはずだ。本書は、大きく2つの部に分けてミーティングアプローチをデザインするための基盤を明らかにする。第1部「ミーティングデザインの理論と実践」では、まずミーティングが期待された役目をどれだけ果たしているかを測るシンプルな方法を考える。それからミーティングデザインの制約をまとめ、アジェンダ作成アプローチを提示し、ファシリテーション方法を掘り下げ、どんなミーティングをも向上させる有益なパターンを紹介している。第2部「デザインされたミーティング」には、一般的なミーティングのテンプレートをニーズに合わせて適用したりカスタマイズしたりできる（するべき）アジェンダのサンプルとともに盛り込んでいる。
　出来の悪いミーティングが職場の問題なら、これらのアプローチによってあなたの仕事もあなたの同僚や協力者の仕事も楽になる。組織の人々が巧みにデザインされたミーティングに慣れてくれば、組織自体が

成熟する。チームの誰もが会社のミーティングの習慣に対する認識を深め、効果的な集まりを維持するために欠かせないある種の柔軟性を身につけていくのだ。

本書のタイトルには、「マネージャーとメイカー」という2つの肩書が含まれている〔原書のタイトルは、『Meeting Design: For Managers, Makers, and Everyone』〕。どんな人もこの両者のあいだのどこかに位置している。「マネージャーとメイカー」は、どんなキャリアの歩みにも相関関係がある。人は、ソフトウェア、ドキュメント、コード、その他の製品や成果を製作するメイカーとしてキャリアをスタートさせ、成功を積み重ねていくうち、自分がかつて製作していたものを作る他の人々を監督する責任を負うようになる可能性が高くなる。つまり、マネージャーになるのだ。

メイカーなら、第1章「ミーティングをデザインする」に記載のチェックリストを使えば、招かれた会議を批判的な視点でとらえることができる。続く各章では、自分が責任者でなくても、うまくいかないミーティングの解決策やきちんと機能しているミーティングをより向上させるためのパターンなど、ミーティングを向上させるためのさまざまな方法を紹介している。チェックリストもテクニックも、ミーティングにおいてより多くのもの（アイデア、意思決定、ソフトウェア）を作り、何の役にも立たないミーティングに費やす時間を減らす助けになるはずだ。

ミーティングの指揮をとるようになると、プラスの成果をもたらす行動をモデル化する責任が生じる。前述したような意思決定や優先順位や解決策のことだ。しかし、マネジメントの責任は会議を招集する権限を伴い、その権限が悪用されやすい。本書は、会議を開くしかるべき理由を明確にして、信頼を築き企業の文化的な制約に合わせて会議をカスタマイズするのに一役買うだろう。さらに、ミーティングのかじを取り、困難な問題の興味深いソリューションを見つける力をチームに与えることでマネージャーを成長させる後押しにもなる。

私は数多くの同僚にインタビューをし、なぜミーティングに目的を持って参加するようになったか、何がうまくいったか、その理由は何かたずねた。そのうちのいくつかは申し分ない補足情報になった。彼らの

ユニークな見解は本書のいたるところに散りばめてある。私がそうであったように、彼らの応用しやすいアイデアやよく考えられた分析が役に立つよう望んでいる。

　私が本書を書いた理由はたった１つ。好むと好まざるとにかかわらず、どんな職業についていようと、ミーティングは仕事の一部だ。より質の高いミーティングを通して読者のみなさんがより大きな成果をあげる力になりたい。それが、私の目標なのだ。

第1部

ミーティングデザインの理論と実践

その気になれば、会議(ミーティング)で大きな成果を得ることは可能だ。新しいアイデアを創造し、よりよい戦略を立て、関係を強化し、組織改革を成し遂げられる。ただし、そのためには確固たる目的を打ち立てて臨まなくてはならない。その目的を表明すること、それが「ミーティングデザイン」である。
　ミーティングデザインは、経験や地位、勤続年数、職種を問わず、万人が身につけられるスキルだ。いったん習得すれば、それをうまく活かして能率的なアジェンダを組み立て、限られた時間内で出席者の考えや意見をうまく処理できるだけではない。組織にとって望ましくないであろう習慣を改めることも可能だ。実践するうちに、対立を巧みに処理し、自身のファシリテーションスタイルを確立し、目の前の仕事に合わせて応用できるようになる。意図的に組み立てられたミーティングは、あなたと仕事の結びつきを強め、ともに働く人々との関係を深めるきっかけになるはずだ。

① ミーティングをデザインする

　自分のデザインチームが多くの時間を費やして生み出した血と汗と涙の結晶が、クライアントの経営幹部たちを前にしたたった一度のミーティングで露と消えたら、慌てふためくものだ。ジムがまさにそうだった。
　ジムは、有名な一流デザイン会社のクリエイティブディレクターだ。ここではロケット・デザイン社と呼ぶことにしよう。フォーチュン100〔経済誌『フォーチュン誌』が選ぶグローバル企業の総収入ランキングトップ100〕に名を連ねる企業に転職したかつての同僚を通じて、ジムは大きなチャンスを手にした。その企業はフードデリバリーという競争の激しい業界に参入すべく、50万ドルを注ぎ込んで実現しうる最高のウェブサイトを構築したいという。ジム率いるデザインチームは数週間のリサーチの末に、これぞと思えるデザインの方向性を固めた。その内容をクライアントに紹介するためのモックアップスクリーンには、戦略を説明する音声をつけ、ブランディングや写真のスタイリング、ユーザーインターフェイスの機能性などの情報を盛り込んだ。ジムに与えられた次の仕事は、プロジェクトを次の段階に進めるためにクライアントの幹部を説得し、彼のデザイ

ンチームと同じくらいこの案の有効性を支持してもらうことだった。クライアント側のプロジェクトマネージャーが、幹部たちの忙しいスケジュールの合間を縫って月に一度1時間の定例会議枠を確保。ジムとチームは進捗状況を報告していくことになった。

　ジムはそうした定例会議の席上で、クライアントの幹部たちを相手に、特筆すべき点や重要な決定事項をさし挟みながら一連のスクリーンを披露した。ところが、質疑応答は最後におこなうと事前に断りを入れていたにもかかわらず、口を挟む幹部がいた。

「その黄色は強烈だ。ちょっとどうかと思うよ」

　ジムは邪魔が入るたびに落ち着きを失っていった。話の腰を折られたうえに、質問は終わるまで待つよう改めて断らねばならなかったからだ。冷静さを失いつつもどうにかプレゼンテーションを終えると、ジムは質疑応答の時間を設け、自由な発言を募った。当然ながら、幹部たちからはてんでバラバラのコメントや質問が矢継ぎ早に寄せられた。まるで隠れていた侵略者たちが一斉に飛び出してきたような感じだ。

「フードを提供する飲食店に我が社独自のビジネスルールを行きわたらせるためには、他にどんな方法がある？」

「このサイトはうちがすでに導入しているJavaScriptでの動作が可能なんだろうね？」

「我が社のチームがまったく同じことをやっていて、ワイヤーフレームが完成ずみだという話は聞いているかい？」

　ジムは対応に苦慮しながらも、本題とは関係のないコメントに答え、ときには専門知識を持つ別のチームメンバーに対応を任せた。とはいえ動揺しているのは明らかで、相手の話を遮ったり、想定外の質問に口ごもったりしたうえに、最後のほうの質問に対しては「それはうちとは関係ないことです」と無愛想に答える始末だった。

　ジムはこのプレゼンテーションを計画する際、プロジェクトを棒にふりかねない過ちを犯していた。その過ちとは、デザインの方向性を決めた理由を主要なステークホルダーに理解してもらえるよう会議をデザインしなかったこと。上司である前任のクリエイティブディレクターのや

り方を踏襲して、デザイン会社にありがちなプレゼンテーションをおこなったのだ。デザインの背後にある根拠は明白だという前提に立って完成したウェブサイトを披露するその様子は、まるで「不動産会社が物件を案内する」ようだった。しかし、デザインの方向性が固まるまでの経緯を知らないクライアントにとっては、不意打ちであるうえにわかりにくいものだった。

巧みにデザインされたミーティングとはどんなものか

　適切にデザインされたものごとは、暮らしをシンプルで心地よいものにする。デザインはかたちを持たない通貨であり、価値あるものとガラクタとを区別する。デザインされたものごとは、実用的かどうかの考慮が十分に加えられた、事前のリサーチや予測をもとにした創造物であり進化形なのだ。
　ミーティングは通常、デザインされない。なりゆき任せで、コミュニケーションの問題を解決するには割高で場当たり的な手段だ。それに、取りあげられる問題は必ずしも高いコストのかかる高精度な解決策を必要としているわけではない。仮に集まる必要があったとしても、ミーティングそのものを成り立たせるために過分な熱意とエネルギーが注がれることとなる。

> 会議で話し合うべき議題がなく、集まった理由がわからないと思うなら、他の出席者もおそらくそう考えている。
> ——キャリー・ヘイン
> 　（デジタルコミュニケーション戦略コンサルティング企業Tanzenの創業者）

　明確なアジェンダが欠落しているのはよからぬ兆候だ。しかし、ミーティングデザインは単に議題を決めるということだけにとどまらない。残念なのは、デザイナーが解決を試みる問題に向き合うような姿勢で

ミーティングが考慮されていない点だ。デザイナーの視点に立ってミーティングを考える —— それがミーティングデザインである。

デザイナーの視点に立つとは、反復的かつ循環的なアプローチを意味する。アイデアのリサーチとテストをミックスするのだ。ミーティングデザインは、基本的なデザインプロセスに従ってミーティングを計画し評価する手法だ。こうしたデザイン思考の生みの親であるティム・ブラウンは4つのステップを設定して、平凡なものづくりのプロセスをより前向きな結果を生み出すプロセスへと変えた[*1]。

1. 観察(オブザベーション)と古き良きリサーチを通じて、デザインが解決すべき問題を明確に打ち出す。
2. 1つの解決策に固執するのではなく、複数の選択肢を考慮し発案する。
3. 最良だと思える選択肢を選んでMVP〔Minimum Viable Productの略。顧客に提供する最低限の機能が備わっている最小限のプロダクト〕を作り、そこを出発点に反復的に改良を加えていく。これと対照的なのは、過度に時間を費やして細部まで徹底的にこだわった完成品を思い描く方法である。
4. 合意した忠実度(フィデリティ)のプロダクトを用いてユーザーテストをおこない、うまくいくかどうか確認する。その後、必要に応じてステップを繰り返す。

ブラウンが考案したこのデザインプロセスにより、私たちの暮らしのあらゆる面に無数のイノベーションがもたらされた。このプロセスがあったからこそ市場に誕生した破壊的かつ成功したアイデアは少なくない。

ところで、読者のみなさんはどのような職場文化に身を置いているだろうか。数百人(さらには数万人)の従業員を擁し、上下関係や慣例、継続的結果をもたらさない慣行にもとづいた形式的なミーティングが多

[*1] 『デザイン思考が世界を変える』ティム・ブラウン 著、千葉敏生 訳、早川書房、2014年

くおこなわれている大企業だろうか。あるいは、少数精鋭の従業員が必要だと合意した場合にのみミーティングをおこなう、小規模で機動性に優れた会社で働いているのかもしれない。

いずれにせよ、組織はミーティングが具体的にどんな役目を果たすべきかを考えている可能性は低い。そこで、現在おこなわれているミーティングが適切な役割を果たしているかどうかを評価するために、上で述べたデザインプロセスの4ステップを当てはめてみよう。重要会議を1つ取りあげて4つのステップを適用し、アジェンダや内容の改善、向上に取り組んでもいい。あるいは、本章冒頭で登場したジムがクライアントとおこなっているような定例会議を廃止するために活用することも可能だ。

既存のミーティングにデザイン思考を取り入れる

ロケット・デザインのジムが大型プロジェクトをともに手がける組織横断型チームを「チーム・ロケット」と呼ぶことにしよう。チーム・ロケットは、ひと筋縄ではいかないデザインプロセスをどうにかやり遂げて、完成品を一連のスクリーンというかたちで提示した。チームのメンバーは、プロダクトマネージャー、UIデザイナー、フロントエンド開発者とバックエンド開発者に加え、マーケティングやソーシャルメディア担当者、パートタイムのビジネスアナリストという面々。チームがアジャイル開発〔小さな単位で実装とテストを繰り返してソフトウェア開発やウェブページ作成を進めていく手法〕に忠実に従っているかどうかはあまり重要ではない。

散々の結果に終わった例のミーティングのあと、メンバー間では完成品について意見の不一致が相次ぎ、作業が長時間に及んだことやクライアントを失望させてしまったことでぎくしゃくしていた。デザインは競合他社よりも時代遅れだと受け取られたが、チームは正反対の考えを

持っていた。そこで、「今後手に負えなくなる事態を避けるため」に新たな定例会議をおこなうことにした。

> 自分たちのミーティング習慣はどうして始まったのか、それがほんとうに効果的であるかどうかを見きわめること。
> ——デビッド・スライト（ProPublica デザインディレクター）

　仕事が忙しいときは、定例会議やチェックイン〔本題に入る前に今の気持ちや近況、ミーティングに何を期待するかなどを各自がひとことずつ話す時間のこと〕でスケジュールがいっぱいだ。そういった会議は頻繁にあり、毎回少しずつ時間をむしばんでいくものの、音をあげたくなるほど長いわけではない。せいぜいいらつく程度だろう。では、そうした会議が入ったら、心のなかで次の2つを自問自答しよう。

- どうしてこの会議が定期的に開かれるのか。
- 目的は果たせているのか。

　「イエス」が1つもなければ、その会議は廃止すべき、あるいは出席を断るべきだ。それだけにすぎない。チーム・ロケットが新たに開催を決めた定例会議が役目を果たしているかどうかを確認するなら、廃止するタイミングを検討するのも1つの方法だ。目標はすでに達成している（または新たなゴールが掲げられた）けれど、定期的に顔を突き合わせれば何か建設的な成果が得られるのではないか——そんなふうに期待し続けるなんて、ミーティング以外ではありえない。そんな異常事態は、デザイン思考に従って検討すれば排除できる。

1. ミーティングが解決しようとしている問題を見きわめる。リサーチする、あるいは制約を明確に理解するなどして問題を十分に把握しよう。

2. ミーティング形式を、所要時間やファシリテーションの方法を含めて見直し、新しい方法を試してみる。開催を何度か取りやめて様子を見よう。
3. 実験がうまくいったら、とりあえずそれを続けてみる。成果がなかったらその実験は取りやめる。
4. 当初の目的をもはや果たしていない会議は廃止する。

問題を見きわめる

　チーム・ロケットの場合、新しい定例会議で解決しようとしている問題は曖昧すぎて見きわめが難しい。人によって「手に負えなくなる事態を避けるため」は異なる意味を持つからだ。「事態」とは何か。何を基準に手に負えなくなったと判断するのか。
　ありがちなのは、協調性が高まるのではないかと期待を抱いて、何を解決すべきかをろくに考えもせずミーティングを開くことだ。問題が曖昧なまま定例会議を開くのはお金のムダだ（図1.1）。出席者全員にはミーティングのあいだも給料が支払われている。コミュニケーションを促すのが目的なら、ミーティングよりも安上がりな方法がある。ビジネス用チャットツールSlack[*2]やHipchat[*3]を使えばいい。また、従来型のメールなら大量の情報を非同期的にやりとりができるので情報を「オンデマンド」化できる。そうしたツールを明確な目的を持って使うことで、不要な直接対話型のコミュニケーションを減らすことができる。「明確な目的」と断ったのは、こんな声を耳にするからだ。「チャットアプリは日常的なタスクについて話し合ったりサポートを依頼したりするときに使うものであって、飼い猫のキュートな写真だの得意料理のレシピだ

[*2] https://slack.com/
[*3] https://www.hipchat.com/

図1.1 準備もせずにミーティングを開くと、そのあいだも出席者に給料が支払われるので高くつくことになる。

のを投稿するためのものではない」。

それでも会議が必要なら、そこで解決すべき問題を決めなくてはならない。問題が曖昧な（あるいはまったくわからない）場合は、ミーティングで解決すべきことは何かを見きわめ、合意すること。それから、問題の原因が何かを突き止めよう。出席者のなかに会議の必要性を具体的に理解している人がいれば幸先がいい。

チーム・ロケットが開く定例会議の成果を評価するなら、「プロセスの数を削減したことで能率が向上したか」や「フードデリバリー利用者から寄せられた苦情をもとに新たなアイデアがいくつ生まれたか」などを基準にしたり、デザインが「時代を先取り」していることを示す項目をリストアップしたりするといい。これらの判断基準はすべて測定が可能だし、ミーティングを評価するうえでのベースラインにできる。

第1の問題に取り組んでいると、プロセスを確立してルーティン化しなければならないとか、チーム・ロケットが成果をあげられない場合に起こりうる事態に対するメンバー個人の不安に対処しなければならない

1 | ミーティングをデザインする 27

など、第2の問題が浮かび上がってくる。起こりうる問題に目を向ければ、仲間意識と信頼を構築できる透明性の高い場が設けられるため、プロジェクトのネガティブな文化を修正できる可能性も出てくる。

　ミーティングではさまざまなコミュニケーション手段が同時進行する。出席者はことばを交わし、意識してあるいは無意識に身振り手振りをし、図表などを共同作成しながら空間を物理的に操作するなど、意思疎通の手段がフル活用される。ただし、コミュニケーションの威力がいかんなく発揮されるとはいえ、すべての問題解決にそれだけのコミュニケーションが必ずしも必要なわけではない。意図された成果について合意に達したら、よりよいミーティングをデザインする方向へ第1歩を踏み出したことになる。次なるステップは、いくつか実験してみることだ。

さまざまな形式を検討する

　チーム・ロケットが目指しているのは、フードデリバリーという競争の激しい市場において、自身のデザインとクライアントを革新的な存在として位置づけることだ。継続しているクライアントとの会議が好ましい成果をあげているかどうかは、開発中の独自機能に関してクライアントが自社ブログにどのくらい記事を投稿しているかで測定できる。クライアントは現在ブログ記事を最大で週に2回投稿しているが、その程度では議論の内容を十分に発信できていない。ミーティングでは毎回、この点について延々と話し合いがおこなわれている。

　会議で時間を共有するために活用できる方法は議論だけではない。残念なことに、大半のミーティングは議論に大きく依存している。議論しかしていないと言ってもいいだろう。だが、話し合いをする代わりに、ブログ記事を投稿するプロセスをともに検討しながらフローチャートにしてボード上で視覚化するという手もある。図1.2のように、仕事の流れを図解して視覚化すれば、投稿までの各ステップを検証でき、能率を

図1.2 付箋を使えば、議論の内容を視覚化できる。

アップさせる方法が明らかになる。また、自由に動かせる付箋などで、選択肢のプラス面とマイナス面が分類できる。いっそのこと、話をしない時間を設けて各自にアイデアを書き出してもらい、それから議論をしてみてはどうだろうか。

　生産性の高いミーティングとは、問題が明らかになり、解決法が浮き彫りにされ、それらの方法が持つメリットが評価される場だ。話し合いで目的が達成される場合もあるが、人間は脳によって制約が課せられており、不正確で主観的になりすぎることも少なくない。脳が生み出す制約については、第2章「ミーティングにおけるデザイン上の制約」で紹介しよう。

　話し合いと人間の記憶だけに頼るのがミーティングの最たる例だ。しかし総じて難があり、そもそも存在しなかった意見の不一致を生んでしまう。ファシリテーションや記録の方法については、第3章「アイデア、人、時間に合わせてアジェンダを作る」、第4章「ファシリテーションによって意見の対立を乗り切る」、第5章「ファシリテーションの戦略とスタイル」で説明していく予定だ。

　ミーティングの他のやり方を考えたら、次なるステップは、期待でき

そうな選択肢を選ぶこと、そして実際に改善し始めることだ。

微調整を加えてその成果を評価する

　もしチーム・ロケットがミーティング形式をまったく変えなかったらどうなっただろうか。新しいやり方を何も試さず1つのやり方に固執するのは、自動運転で空を飛ぶようなものだ。つまり、限られた時間内しか機能しないのだ。ミーティングを自動運転に任せてしまうと、個性の強い人が議題や出席者を常に支配するようになったり、時間切れですべての議案が承認されたりすることになる。しまいには、ミーティングの当初の目的がすべて失われてしまう。でも、時間をかけて繰り返し微調整を加えれば、定例ミーティングは徐々に改善され、出席者はまんべんなく発言するようになり、計画的な共同作業で時間が有効活用できるようになる。

　チーム・ロケットの場合は、試しに各出席者の発言時間を制限するのも一案だ。Googleのある部署で会議の際に時間制限を取り入れたところ、意思決定するうえで唯一最大の効果的なやり方だったことが証明されたという[4]。カウントダウン用の時計を置いて毅然と対応したことで、話の脱線もなく、出席者の発言時間が残り少ないことが一目瞭然となった（図1.3）。また、さほど遅れずに始まり、早めに終わるようにもなったそうだ。前述した通り、会議の開始前に黙って意見を指定された長さで書き出せば、口を開く前に発言を熟考するよう促せる。

　成果を問題視せず評価も下さなければ、定例会議はおのずと自動運転に切り替わるか、最悪の場合は野放しとなるだろう。ミーティングの現状について柔軟に対応しようという姿勢を持ち続ければ、そうした

---

[4]　Jillian D'Onfro, "Google Ventures Found the Secret to Productive Meetings in a First Grade Classroom," Business Insider, June 30, 2014, http://www.businessinsider.com/google-ventures-time-management-trick-2014-6

図1.3 Googleのある部署では「タイム・タイマー」と称した時計を置き、話の脱線を防いでいる。

事態は避けられる。しかし、どんな定例会議もいずれは終わりを迎える。それが、ミーティングデザインの最終ステップだ。

ミーティングが役割を終えたことを認める

　カウントダウン用の時計を置き、付箋でプロセスを視覚化したことで、チーム・ロケットは最先端機能の導入を発表する回数が増えた。その結果、ミーティングは廃止されることになり、誰もがその結果を喜んだ。
　目的を果たしてものごとを締めくくるのは気分がいいものだ。定例会議を廃止する時期を決定する際も、やはりデザイン思考が役に立つ。解決すべき問題についてリサーチし、複数の選択肢を試し、目的を果たすまで繰り返しミーティングの形式に微調整を加えていくのだ。

「ミーティング」のよりよい定義とは

　習慣は、行動の背景にある目的を意識しなくなった結果である。定例会議といった共同作業のプロセスの一部として習慣が形成されると、そこにはもう目的は存在しない。もはや「チームメンバーが顔を合わせる場」、「プロジェクトについての話し合いの場」、またはただの「火曜日の恒例行事」である。でも、ミーティングにデザイン思考を取り入れれば、会合とその目的を再び結びつけることができる。

　間近に控えたミーティングについて考えてみてほしい。そのミーティングをする意義があるかどうか疑問はないだろうか。自分自身やチームに、そのミーティングについて次の2つの質問を投げかけてみよう。これらの質問は、ミーティングとより大きな目的を再び結びつけ、その目的を明確化するのに役立つ。

- このミーティングでどんな成果が出せるか。
- その成果をどう測定するか。

　このほうが、ミーティングをよりシンプルかつわかりやすく定義できる。ミーティングとは、その場を設けなければ手に入らない成果、合意した方法で測定が可能な成果が達成できる場だ。自動車を「タイヤと座席がついたもの」と呼ぶ人はいない。たとえそれが「火曜日の恒例行事」のように正確な定義であってもだ。自動車は、整備代とガソリン代があれば、別の場所へ移動する自由を与えてくれる。そしてミーティングは、仕事に有意義な変化をもたらしてくれるメカニズムである。

覚えておこう

　新たな定例会議の開催を決めたり、既存の会議をやめずに続けたりするのは、過去の失敗が悔しいから、あるいはいずれ失敗するのが怖いからだ。そのようにして会議は、それ以外にやり方がないかのごとく、ぐるぐる回るデザインプロセスのなかで身動きの取れない小さな歯車になり下がる。そして結果的に、スケジュールが定例会議で埋まり、延々と続く退屈さと困惑が生まれていく。この行き詰まりを打破するには、ミーティングにデザインプロセスを取り入れ、次の4つのステップに従うのがいい。

1. ミーティングで解決すべき問題を見きわめ、開く前にリサーチをおこなう。
2. ミーティングに対するアプローチを複数考える。
3. 改善点や失敗に気がついたら、それをもとにミーティングを少しずつ改良する。
4. ミーティングが役割を終えたら廃止する。

　以上4点を繰り返し見直していけば、定例会議を開く意義があるかどうかが見えてくる。ミーティングに価値があると確信できたら、次はミーティングの組み立てを念入りに見直し、細かく修正を繰り返していく番だ。

> 私たちは自分たちの共同作業を十分にふり返っているとは言えない。どうすればよりよい協力体制が築けるのか。どうすれば成果をもっと早く手にできたのか。どうすれば時間をもっと有効活用できたのか。時間がかかりすぎたのはどこだったのか。全員が集まり、徹底的に検討しなければならない。
> ——ジャレッド・スプール（CenterCentre/UIE 共同創業者）

　念のために言っておくと、このアプローチはどんな種類のミーティングにも応用が可能だし、一度の会議（または一連の会議）で解決されるべき問題と、プロジェクトや組織が持つより大きな目的との違いを明らかにしてくれる。言うまでもなく、そうした目的は、職種や組織内での地

位、企業文化によって大きなばらつきがある。ミーティングに制約を課すのはそういった点だが、詳しくはこれから説明していきたい。ただし、さまざまなアプローチを知る前に、数々の制約について理解する必要がある。どのミーティングにも共通する1つの制約を次章で取りあげていこう。

② ミーティングにおける
デザイン上の制約

　カリブ海の島々を結ぶ路線を運航する小さな航空会社で、マーケティング、カスタマーサービス、ITのチームを統括するジェーンは、「中途半端な仕事をされるくらいなら自分でやる」という姿勢の持ち主だ。業務に不可欠な予約管理システム（RMS）ソフトウェアがアップグレードの時期を迎えているため、ジェーンは月曜朝、統括する3チームのリーダーを会議に招集した。目的は、ソフトウェアのアップグレード提案書に盛り込む重要項目を絞り込むことだ。

　ジェーンはまず、新しいソフトウェアの利点をざっと確認。その後、室内を移動しながら各チームのメンバーとオープンに議論を交わし、アップグレードによって目下の課題がどう軽減されるかを絞り込んでいった。議論の内容は通常通りマーケティング部門のメンバーがノートPCで記録した。ミーティングが予想を大幅に超えて3時間近くに及んだのは、議論済みのテーマについての発言が思い出せず、何度もふり返っては確認しなければならなかったためだ。最後に、宿題項目（アクションアイテム）が1つ与えられた。各チームのリーダーは、アップグレード提案書に盛り込むため

のリストを2種類作成し、金曜日までにジェーンに提出しなければならない。2種類のリストとは、経費削減ならびに時間節約がもたらすメリットをそれぞれ一覧にしたものである。

　早々に提出されたあるチームのリストは、雑然としていて読みにくかった。2番目に提出したチームのリストは、こと細かな内容ですぐには飲み込めなかったため、ジェーンはあとで概要をまとめることにした。ところが、もう1つのチームからは週が明けてもリストが提出されない。期限は翌週の金曜だと勘違いしていたらしい。業を煮やしたジェーンは再び会議を招集し、提出済みのリストについて話し合いを試みたが、かたや「要領を得ず」かたや「てんでダメ」という始末だ。この調子では、アップグレード提案書の完成は2週間も遅れてしまう。

　何が悪かったのだろう？　ジェーンは、やるべきタスクの内容と期限を明確に示したと考えていた。しかし、各部門リーダーは、指示が出されたことはわかっていてもその中身を正確に記憶していなかった。ジェーンが何らかの工夫をすれば、出席者はタスク内容をより正確に記憶できていたはずだ。そのためには、そうした記憶がどこでかたちづくられるのか、正確に記憶するにはどうすればいいのかを理解しなくてはならない。

ミーティングと記憶の良し悪しは比例する

　どんなミーティングにも必要な要素が1つあるとすれば、それは出席者だ。そして出席者はひとり残らずミーティングにある制約を持ち込んでいる。その制約とは、「議論の内容を記憶する力」。記憶力を司るのが、脳だ。

　脳は、この世界において事実だと思えるすべてのことをかたちづくる。訓練次第では、ランダムに並んだ何千桁もの数字を記憶できる驚異

的な能力を持ったコンピュータになりうるのが脳だ[*1]。その一方で、だまされやすく、錯覚や勘違い、偏った先入観に左右されるのもまた脳である。脳が持つそうした性質は、本能という姿でミーティング中に顔を出す。本能は、それまでに積み上げてきた経験の量と内容によって大きな差が出る。脳は優秀さとだまされやすさを併せ持っており、その矛盾がミーティングで予想もつかないような不可解な行動を引き起こす。会議が何かとうまくいかないのは当然なのだ。

脳の記憶メカニズムについては着々と解明が進んでいる。とはいえ、たとえその一部であっても説明するのは容易ではないし、本章で人間の記憶力の徹底考察を試みることはしない。しかしながら、いくつか興味深い理論があり、会議の出席者を行動へと促す記憶をより戦略的にかたちづくるのにそれらが役立つと思われる。

ミーティングで記憶力はどう働いているか

脳はミーティング中、情報（見て聞いて触れた内容）を入力してそれを記憶として保存したり、吸収した情報をもとに議論で発言したり活動に参加したりといった働きをしている（図2.1）。

神経科学の研究から、人間の記憶には理論上、感覚記憶、作業記憶、中期記憶、長期記憶という4つのステージがあることが明らかになっている。そのなかでミーティングに最も関係が深いのは、作業記憶と中期記憶だ。この2つは、考えを実行に移す可能性が最も高いステージである。

[*1] 『ごく平凡な記憶力の私が1年で全米記憶力チャンピオンになれた理由』ジョシュア・フォア 著、梶浦真美 訳、エクスナレッジ、2011年

図2.1 人間の脳内には記憶を助けるさまざまな入力機能が存在している。

作業記憶

　「短期記憶」という呼び名のほうがなじみ深いかもしれない。認知科学や脳神経科学など分野によって名称が変わるためだが、ここでは作業記憶(ワーキングメモリ)と呼ぶ。ミーティングをデザインする際は、出席者の作業記憶を助けることを念頭に置くと効果的だ。

　作業記憶は、直近の約30秒で見たり聞いたりした情報を収集している。保持できる容量は限られているうえに、人によってまちまちであり、ミーティングの出席者全員が作業記憶として等しい量の情報を保持できるわけではない。自分は数分前の発言を覚えていられるのだから他の人もそうに違いないと思い込んでいないだろうか。ところが、必ずしもそうとは限らないのだ。

　作業記憶として保持できる容量の違いに対処するには、情報を無理のない速度で提示するのがいい。情報の提示スピードは、出席者がみな同じ内容の作業記憶を保持できるかどうかを直接左右する。全員が同じ理解に立てるよう、プレゼンターは意識して思考スピードを普段より落とし、なおかつそれを維持すべきだ。

　聞き手の記憶が追いつかないほどの速さで情報や考えをまくしたて

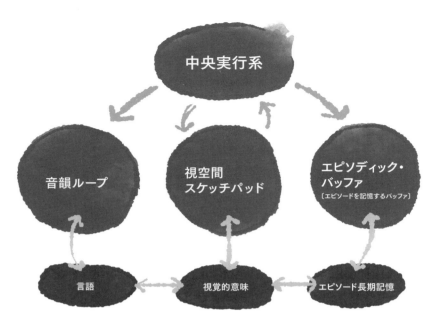

図2.2 アラン・バドリーとグラハム・ヒッチが提唱した作業記憶のモデルを見ると、ミーティングで見たことと聞いたことが相互作用する背景がわかる。

るプレゼンターがいるが、それは単にその人が話の中身を熟知しているからだ。優れたプレゼンターと並の（あるいは下手な）プレゼンターを分けるのは、提示する情報を均一かつ吸収しやすい量に小分けにしているかどうかである。ミーティングでは、急がずに情報を小分けにして話そう。そうすれば、出席者はより建設的で批判的な思考ができるし、アイデアはすべての人に一様に伝わる（ミーティングにおける情報提示のペースに関する詳細は、第3章「アイデア、人、時間に合わせてアジェンダを作る」を読んでほしい）。

図2.2は、作業記憶の動きを示す理論モデルだ[*2]。きわめて複雑なこのモデルでは、「見たこと」「聞いたこと」「頭に留め置いておける量」か

[*2] "Working Memory" A. D. Baddeley and G. Hitch, The Psychology of Learning and Motivation: Advances in Research and Theory, ed. G. H. Bower (New York: Academic Press, 1974), 8:47–89

ら意味を理解する際に脳がおこなう２つの異なるプロセスが仮定されている。作業記憶が、目と耳がさまざまなかたちで入手した情報をもとに作り出されるのだとすれば、ミーティングで可能な限り時間を有効活用するために、聴覚と視覚を組み合わせることがますます重要になってくる。

　ミーティングにおける視覚情報の理解と聴覚情報の理解は、脳の異なる部位でおこなわれている。それら２つの部位は、記憶力（脳内の情報の量と正確性）を向上させるために連携することもあれば、記憶を限定するために競い合うこともある。それを誰よりも的確に解明したのが、認知心理学者のリチャード・E・メイヤーだ。彼は、「人は言語だけより、言語とイメージの両方がある場合のほうがより効果的に学習できるが、すべてのイメージにそうした働きがあるわけではない」ことを明らかにした[3]。耳で聞いたことと目で見たことがせめぎ合うと、心のなかに矛盾が生じ、それを解決しようとして認知的不協和が生まれる。スクリーン上に映し出されたことばを見ながら、それと同じ内容を話している人に耳を傾けることは、実は記憶力を弱めてしまうのだ。プレゼンターが話している内容のポイントが列挙されたスライドを見せられた人は、こうした困難に直面する。しかし、話を聞きながらその内容を補う写真や絵を目にすれば、情報が作業記憶に投入されやすくなる。

中期記憶

　記憶は、ミーティングで吸収したアイデアを何らかの行動へと転じさせる役割を持っている。その変換を促すカギは、中期記憶を始動させることだ。中期記憶は２〜３時間持続し、脳内で生化学的に解釈と転写をおこなうことを特徴としている。解釈は、脳が新たな意味を生み出すプロセス、転写は、脳内で意味が再現されるプロセスと考えることができる（図2.3aと2.3b）。脳細胞はこのプロセスのあいだ、すでにある

---

[3] Richard E. Mayer, "Principles for Multimedia Learning with Richard E. Mayer," Harvard Initiative for Learning & Teaching (blog), July 8, 2014, http://hilt.harvard.edu/blog/principles-multimedia-learning-richard-e-mayer

たんぱく質を使って新しくたんぱく質を生成している。「既存のもの」から「新しいもの」を作り出しているわけだ[*4]。

図2.3 生化学的な解釈と転写で「帽子」を理解する様子。

[*4] M. A. Sutton and T. J. Carew, "Behavioral, Cellular, and Molecular Analysis of Memory in Aplysia I: Intermediate-Term Memory," Integrative and Comparative Biology 42, no. 4 (2002): 725–735

ジェーンのミーティングでは、出席者の1人がノートパソコンで議事録を取っていた。その代わりに、ジェーンが自分の作業記憶に保存されている内容を図（ダイアグラム）にして出席者の理解を促していたとしたらどうだろうか。図を描くことは解釈することである。そして理論上、ジェーンは図の内容を2、3時間はゆうに記憶しておけるはずだ。図解することで、作業記憶が中期記憶へ移動するからだ。

　さらに、ジェーンが図をコピーして配ったところ、内容がとてもわかりやすかったため、オフィスのあちこちに掲示されたとしよう。それが「転写」だ。転写は（理論的に）情報を長期記憶へと導くプロセスである。転写によって、ミーティングで理解した内容をミーティング後に実行に移そうと考えるようになる。

　ミーティングはたいてい10分から1時間程度で終わる。ワークショップや創造的作業をおこなうワーキングセッションとなると、1時間半から場合によっては数日を要する。図2.4は、各記憶ステージとミーティングの長さを比較したものだ。うまく組み立てられたミーティングなら、適切な情報を作業記憶から中期記憶へと移動できるので、ミーティング中に生まれたアイデアや下された決定事項は、その後実行に移されるだ

図2.4　一般的なミーティングの長さと異なる記憶ステージの長さ。90分を超える会議は記憶の働きを邪魔しかねない。

ろう。しかし、ミーティングが休憩なしで90分以上続けば、記憶がぼやけ、アイデアや決定事項は行動に移されにくくなる。

　ジェーンと3チームのリーダーたちとの会議は3時間近くに及んだ。それほどの長時間が1つのタスクや議題に費やされた場合、中期記憶（行動につながる記憶）を形成する力には大きな負担がかかる。そうなるとアクションアイテムが何なのか混乱してしまい、各自がやるべき仕事を好き勝手に解釈するようになる。

　ただでさえ共通タスクに関して合意ができるミーティングをデザインするだけでも容易ではない。すべての記憶ステージが同時発生し、ありとあらゆる視覚情報や聴覚情報を処理する解釈と転写のプロセスがいくつも進行しているためだ。しかし、複数の情報入力（インプット）モードに対応した創意豊かなミーティングなら、認知力をフル活用せざるをえない混乱のなかでも記憶を形成することができる。

脳のインプットモード

　ミーティングのあいだ、出席者の脳はインプットモードあるいはアウトプットモードのいずれかの状態にある。ミーティングを開くからには、情報を1カ所（1人の脳）から他の場所（他の人たちの脳）に移動する必要があるというのが暗黙の了解だ。

　プレゼンテーションは、プレゼンター側の脳から聞き手側の脳へと情報を移すことを目的としており、情報の動きが一方通行だ。アイデアを提示しているプレゼンターの脳はアウトプットモードになっていて、ことばやビジュアル素材を使って聞き手の脳に記憶を形成しようとしている。一方、聞き手の脳は情報を受け取っている。プレゼンテーションの構成が的確で提示のしかたもうまければ、耳と目がそれ相応の働きをして情報を正確に吸収しようとするだろう。

　プレゼンテーションは、アウトプットとインプットが同じ場でおこな

われる同期型コミュニケーションである。しかし、書類やメールで情報を提供する場合は、書き手（プレゼンター側）は聞き手のいないところでアウトプットをおこない、受け取る側は書き手のいないところでインプットをおこなう。つまり、非同期型コミュニケーションである。

　活気に満ちたコラボレーティブなミーティングも、プレゼンテーションのように、インプット側とアウトプット側が同時に存在しているが、大きな違いが2つある。まず、情報が一方向ではなく二方向に移動していること。もう1つは、インプット側とアウトプット側の入れ替わりが早く頻繁であること。テンポの速いミーティングでは、出席者の脳は周囲の脳から情報をインプットすべく機能すると同時に、集団の累積効果のために情報をアウトプットしようと働く。うまくいけば、問題や解決策がより明確になり、全員が参加しなければありえなかったであろう共通理解が生まれるだろう。

　ミーティングは、知識のインプットとアウトプットが起きる場であると同時に、新しい視点や考えを生み出す可能性を秘めた場でもある。お粗末なミーティングはアイデアの移動が非効率的であるため、ユニークなアイデア、新しくて役立つアイデアがなかなか生まれない。上質なミーティングは情報の移動がスムーズなので、思いがけないアイデアが誕生する余裕がある。アイデアが「脳に吸収されやすい」よう工夫し、出席者が持つ多様な「聞く」「学ぶ」「表現する」能力をうまく活かせば、質の高いミーティングが増える。ここまで紹介してきた記憶のメカニズムを足がかりに、インプットの手段をぜひ改善してほしい。

上手な耳の傾け方

　たいていのミーティングでは、とりわけ急に招集された場合は、主に耳を使って情報収集する（図2.5）。人が集まると、通常は会話を通じて意思の疎通がおこなわれるため、結果的に、ミーティングでは聞くことが主要なインプットモードとなる。

　聞くことに多くの時間を割く場所と言えば教室ではないだろうか。人は学生時代に日々授業や講義に耳を傾け、合わせると12年から20年近

図2.5　ミーティングで情報収集に最も使われているのが「耳」である。

くを教室で過ごす。ミーティングと同様、学校でも耳を主なインプットモードとして使い、記憶を蓄積していく。聴覚を通じて学習記憶を蓄積することの有効性を問う研究がおこなわれているが、結果はあまり芳しくない。ドナルド・ブライは著書『大学の講義法』で、講義に耳を傾ける学生は心拍数が一定のペースで下がり、エネルギーと集中力も低下することを立証した[*5]。講義が開始して20〜30分経つと、耳からの情報を吸収するのが難しくなるというのだ。体が安静状態となり、学習に必要なエネルギーを持続させられなくなるのだという。

　時間とともに低下するそうしたエネルギーロスに、ミーティングでどう対処すべきか考えてみよう。読者はおそらく、スケジュール管理ソフトを使ってミーティングを告知したり、出欠を取ったり、終了後に議事録を作成したりしているのではないだろうか。しかし、ミーティングの長さはさまざまなのに、スケジュール管理ソフトウェアは30分や60分単位にデフォルト設定されている。

　休むことなく30分以上話を聞かざるをえないのに、脳が情報を処理できるのはせいぜい30分というのだから厄介だ。そこで、ミーティング

＊5　『大学の講義法』ドナルド・ブライ 著、山口栄一 訳、玉川大学出版部、1985年

の内容を20分から30分単位のセッションに区切ってみてはどうだろうか。各セッションでは、出席者が話の内容をふり返るための時間を設ける。その間、プレゼンターと話をするもよし、出席者同士で話し合うもよし、学んだ情報を取り入れてクイズなどをおこなうもよし。記憶ステージに順応したリズムを作ることで、ミーティングの主要なインプットモードである「聞くこと」は改善される。

　ジェーンの場合は、30分のセッションを3回繰り返す90分構成のミーティングにしたほうが効率的だったはずだ。各チームにセッションを1回ずつ割り当てて、提出されたリストを取りあげ、最初の10分を経費削減案に、次の10分を時間節約案に、最後の10分をふり返りにあてる。そうすれば、全員が各部門の話し合いに参加することになり、不要な項目をその場でリストから削除できるというメリットも得られたに違いない。

> ワークショップでのアクティビティに時間制限を設けると、参加者は内なる批判に耳を傾けずにすむ。
> ——エレン・デブリーズ（Clearleft Ltd コンテンツ・ストラテジスト）

　「内なる批判」と聞いて思い浮かぶのが「インポスター症候群」〔能力が高いにもかかわらず、それを肯定的にとらえられずに自分は詐欺師だと感じる傾向のこと。ペテン師症候群とも呼ばれる〕だ。これは、1つの問題について必要以上に時間をかけて考えると、実際にはその逆なのに、自分には発言する権利がないように思えて、何も言うことはないと固く信じるようになる状態を指す。こうした行動は心理学研究で実証されている[*6]。だが、ディスカッションで1つの考えに時間をかけすぎないようにすれば、内なる批判は封じ込めることができる。たとえば強制的に時間制限を設けると、迅速に行動するようになり、限られた脳の能力を大いに発揮できる。

[*6] P. R. Clance and S. A. Imes, "The Imposter Phenomenon in High Achieving Women: Dynamics and Therapeutic Intervention," Psychotherapy: Theory, Research and Practice 15 , no. 3 (1978): 241–247

脳をフルに活用したら、燃料補給が必要になる。長時間のミーティングやワークショップでエネルギーが切れそうになったら、脳に食べ物を与えてはどうだろうか。コンテンツ・ストラテジーの専門家でワークショップのファシリテーターとして豊富な経験を持つマーゴット・ブルームスタインが、長時間に及ぶワークショップでも知的生産性を維持する方法をアドバイスしているので紹介しよう。

ミーティングで出席者が
口にすべき食べ物とは？

マーゴット・ブルームスタイン
Appropriate, Inc. プリンシパル

書籍『Content Strategy at Work』著者、ならびにブランド戦略とコンテンツ戦略を手がけるコンサルティング企業Appropriateのプリンシパルであるマーゴットは、過去15年以上にわたり、フィデリティ証券、ハーバード大学、リンツ＆シュプルングリー、オンラインショップのラブハニーなどの企業コミュニケーション戦略に携わってきた。また、世界各地で基調講演をおこない、ワークショップを開催している。

大学に入って最初の学期に、私は歴史の講義を週に2コマ取っていた。授業中に居眠りをし、教授がチョークでキーキーと音を立てたり、声を大きくしたりするたびに飛び起きては混乱したものだ。睡眠不足だったわけでも誘拐されて知らない場所に連れてこられたわけでもない。自分の意志でとった講義だし、まじめに授業を聞く気はあった。でも、なぜか眠くなってしまうのだ。授業が始まり15分もすると、いつのまにかまぶたが重くなっていた。

食べること、聞くこと

なぜ眠くなったのか、耳を傾けるべきなのに集中できなかったのか。今ならその理由がわかる。目が覚めてさえいれば、私は従順で熱心な

学生だった。午前中の授業が終わると友だちとカフェテリアに行った。初めてのひとり暮らしを始めたばかりで、まだ10代で代謝もよかった私は、グリルドチーズサンド2個とパスタを平らげ、さらにアイスクリームまで食べることもしょっちゅうだった。午後1時半から始まる歴史の授業には、リンゴやソフトドリンクを手に向かうこともあった。

　やる気満々で教室に足を踏み入れるのだが、教室に余計なものまで持ち込んでいたようだ。吸収の早い糖質をお腹に詰め込んできたばかりのうえに、ソフトドリンクまで手にしていたのだから。

　精製された白いパンに挟まれたチーズ2枚を除けば、糖質の吸収を抑えるたんぱく質や脂質はあまり摂っていなかったので、脳内はブドウ糖で満たされ、私は瞬く間に眠気に襲われた。

　栄養が偏っていたことや成績がふるわなかったのを機に、私は自分の食生活と、それが学習能力に及ぼす影響を見直した。歴史の授業内容はあまり覚えていない。しかし私はそのとき、ワークショップでの指導法、進行法、まとめ方を左右する重要な教訓を得た。

ミーティング中のエネルギー補給にふさわしい食べ物とは

　私はワークショップの学習計画や活動プランを立てる際、参加者が何を食べるか、いつ食べるかという点にも気を配る。開催が午前の場合は、参加者には集中できるよう準備万端で臨んでほしいと思っている。お腹がぐうぐう鳴っているとか、眠気覚ましのコーヒーが必要だというのでは困る。それに、1人残らずコミットできる状態であってほしい。ワークショップやミーティングでは、全員が結果に貢献すべきだ。全員が一様に重要な存在だということは、ベジタリアンも、カロリーや糖質制限をしている人も、小麦など食べ物にアレルギーを持つ人もみな大切だということ。そして、誰もがそれぞれのニーズに合った健康的な食べ物を口にする権利がある。

　どんな食べ物も健康にいいわけではない。グリルドチーズサンドを食べたあとの私がどんな状態だったかを思い出してほしい。お腹を満たし

た参加者に最後まで元気を保ってもらいたければ、エネルギーを維持できるしかるべき栄養を提供できるよう配慮する必要がある。コーヒーを何倍も飲ませればいいというものではない。栄養士に助言を求めたところ、私たちはエネルギーを速攻で与えてくれる糖質に頼りすぎているという。スイーツや炭酸飲料を口にしたらすぐに力が湧いたという経験をお持ちだろう。とはいえ、それだけではすぐにまた気力を失ってしまう。ソフトドリンク、精白パン、菓子パンなどに含まれる精製糖にはそういう作用がある。

　長時間にわたって元気が出る食べ物がほしければ、消化器官の「段階的な」栄養吸収のしくみを利用すればいい。人間の体内では異なる器官が異なるスピードで食料を代謝している。その差をうまく活かすと、糖分の吸収スピードを遅くして血糖値の急上昇を抑えることができる。脂質とたんぱく質を摂取して糖質の吸収を遅くすると、体は時間をかけてその糖分からエネルギーを引き出すことになり、エネルギーが数分で一気に燃焼されてしまうことはない。では、ワークショップや会議で出席者にどんな食べ物を勧めるべきだろうか。

ブレックファスト・ミーティング

　朝食を囲んだ会議の場合は、菓子パンをやめてスクランブルエッグを用意しよう。お勧めはピーナッツバターを塗ったベーグル。脂質とたんぱく質が含まれていて、糖質の吸収を抑えてくれる。アボカドとブラックビーンズ入りのブリトーも脂質とたんぱく質が入っており、健康的なうえにおいしい。無糖ヨーグルトは大半の食事療法の人が口にできるし、炭水化物とたんぱく質にごく少量の脂質が1人分ずつ容器に入っていて便利だ。

ランチ・ミーティング

　生物学の力を借りて、昼食後の眠気を防ごう。サンドイッチは精白パンでなく全粒粉のものに変え、複合糖質の量を増やすといい。糖鎖構

造が長ければ長いほど分解に時間がかかるからだ。食事制限を問わず、全員がたんぱく質を摂取できるように配慮すること。

アフタヌーン・ミーティング

　午後の会議ではいつものクッキーをやめ、栄養豊富なスナックを提供しよう。ドライフルーツやナッツ入りのトレイルミックス、カップのヨーグルト、気軽につまめるチーズの盛り合わせ、野菜スティックなどは集中力を高めてくれるので議論に身が入る。

　どうせミーティングをするなら、ただ集まってもらうのではなく、最初から最後まで集中して積極的に参加してもらったほうがいい。

適度な速さで情報を提供し、しかるべき食べ物でエネルギーを補給すれば、出席者はより積極的に話に耳を傾けてくれるようになる。とはいえ、聞く態勢が整っただけでは不十分だ。教育戦略に関する研究で、人は複数の媒体(マルチメディア)を介すと学習効率が上がることが証明されている。このマルチメディア・ラーニングの土台にあるのが、マルチモーダル知覚という認知理論だ。マルチモーダルとは、複数の感覚を使って知覚することを意味し、利用可能な感覚をフルに活用して身の回りの出来事を理解する方法である[*7]。人間の脳は、聴覚と視覚、あるいは聴覚と触覚を組み合わせることで、意味をより深く理解する。意味の正確性は、情報を消費するさまざまな「モード」間で交わされるインタラクションによって、高くなったり低くなったりする。

　私たちは、学習モードが相互作用するせいでだまされることがよくある。たとえば、腹話術師は視覚を使って人間の声が人形の口から発せられているように見せかけ、耳からの知覚を変化させている。人間の脳は、視覚入力のほうを優勢ととらえる傾向があるためだ。見ていることと聞いていることが矛盾していると、目で見ているものを信じてしまうのだ。では、ミーティングで脳は情報をどのように「見ている」のだろうか。視覚をどのように活用すればよりよい記憶が形成できるのだろうか。

ビジュアル・リスニング

　脳に記憶を植えつけたいときに、驚くほど効果を発揮するのが視覚化(ビジュアライゼーション)だ(図2.6)。フリージャーナリストのジョシュア・フォアは著著『ごく平凡な記憶力の私が1年で全米記憶力チャンピオンになれた理由』で、人間の脳はイメージを見せられると、以前にそれを見たことがあるかどうかほぼ間違いなく判断できることを示す研究を紹介している[*8]。脳が持つこうした能力は、イメージが数枚でも何千枚でも発揮さ

[*7] Richard E. Mayer, "Principles for Multimedia Learning with Richard E. Mayer," Harvard Initiative for Learning & Teaching (blog), July 8, 2014, http://hilt.harvard.edu/blog/principles-multimedia-learning-richard-e-mayer

図2.6 インプット・メカニズムとしての視覚化は、大半のミーティングで驚くような効果を発揮する。

れ、長時間持続するという。とはいえ、それでも記憶はあてにならないし、消耗することもあることを「記憶」していてほしい（だじゃれで失礼）。記憶はあてにならない。それこそが、ミーティングをデザインする際に常に立ちはだかる制約だ。けれどもビジュアルの力を借りて記憶を形成し強化すれば、そうした制約にうまく対処できる。それどころか軽減することも可能だ。

> アイデアをホワイトボードに書けば（全員に見えるように視覚化すれば）、全員が同じものを見て、賛成か反対かを表明できるようになる。
> ——ダナ・チズネル（Center for Civic Design 共同ディレクター）

会議で議事録を取る人を書記〔scribe〕と呼ぶ。書記は、交わされる議論を信じられないほど詳しく文字に起こす。完成した議事録が出席者に配られることもなくはないが、見直されることはめったにない。会議を終えた出席者は、自分に関係のあるタスクのことしか頭にないからだ。

---

*8 『ごく平凡な記憶力の私が1年で全米記憶力チャンピオンになれた理由』ジョシュア・フォア 著、梶浦真美 訳、エクスナレッジ、2011年

そのタスクが完了すれば、議事録に用はない。気が咎めないよう議事録を受信ボックスのどこかにとりあえず保存しておくが、それが仕事の質を左右することもない。

ならば、議事録というかたちで会議を記録するのはもうやめにしよう。

書記に新しい役割を与えよう。従来通り内容を書き出してもらってから、それを議論の進行に合わせてリアルタイムで出席者に見えるよう提示してもらうのだ。出席者が議論に参加している（つまり「聴覚を使ってインプットとアウトプット」をしている）あいだ、書記は主要なアイデアや対立点、決定事項についてのみ、視覚的な記録を作成してボードに表示する。室内にいる人がどこからでも見えるよう十分な大きさにすること。これで、書記の記録に誤りがあれば、出席者の誰かがそれを指摘して修正できる。

そうすれば、出席者は議論が視覚的に展開していくのを目にすることになり、聞いていることと見ていることの正確さを検証するフィードバックループが生まれる。ひっきりなしに検証する必要はないが、人によっては聴覚モードと視覚モードを切り替えられるようになるだろう。何か聞き逃したときや、別の場所から参加している人は、議事録が表示されたボードを見ればいい。議事録は突如として複数のインプットモードに対応可能になるとともに、全員が目を向けるフォーカルポイントにもなる。

ジェーンはミーティングで議論を視覚化せず、聴覚だけを頼りに全員にアクションアイテムを理解させようとした。もし議事録をビジュアル化する書記〔public note taker〕がいれば、2つのリストに当てはまる項目を話し合いのなかから抜き出して、リアルタイムでそれを見える化できたはずだ。各チームのリーダーはそれを目にしてからミーティングをあとにするので、2つのリストが何のために存在しているのか、経費削減で浮く予算や時間節約で生まれる余裕をどう使うべきか、共通理解を得られただろう。必要な書類も作成して提出できたはずだ。リストの形式も記憶に刻み込まれただろうから、ジェーンの手間は増えるどころか

省かれたに違いない。

　会議の内容を視覚化するこうしたビジュアル・ファシリテーションは、議事録の域を超えていると言えるかもしれない。単純なビジュアルやスケッチでアイデアを具現化するからだ。ビジュアル・ファシリテーションは現在、一流のファシリテーターによって世界中で実践されており、専門の会議も定期的に開かれている。図解やスケッチは、ちょっと工夫を凝らせば、ことばよりも多くの情報を伝えてくれる。時間やつながり、分離、感情などのさまざまな概念を、ライン、ボックス、矢印、簡単な顔のイラストですばやく提示できる。ビジュアル・ファシリテーションについては第5章「ファシリテーションの戦略とスタイル」で詳しく述べる。

手を使ってアイデア表現

　ミーティングで他の出席者の体に手を触れるのはお勧めしないが、議論しながら物理的なモノを操るのであれば話は別だ。自ら動くこと、ツールを使うことは、人とアイデアの交流を促すきっかけとなる（図2.7）。それもまた、短い時間で複雑なアイデアについての理解を深めるための優れたインプットモードだと言えるだろう。

図2.7　インプットモードとしてモノを使うのも効果的だ。

> 何度でも繰り返し使えて、わかりやすく実体感があるミーティングツール。それは、物理的空間（または仮想空間）で実際に何かを動かすことだ。
> ——ジェームズ・ボックス（Clearleft Ltd UXディレクター）
> 　エレン・デブリーズ（Clearleft Ltd コンテンツ・ストラテジスト）

　会議の場で気軽に手で扱えるモノの代表例と言えば、付箋だ。付箋をあれこれ並べ替えるだけで、情報を組み立てたり理解したりできる。付箋が効果的なのは、空間的な関係から意味を読み取る脳の部位を働かせることができるためだ。というわけで、ミーティングではどんどんモノを動かそう！　モノを動かすという行為は、アラン・バドリーの提唱した作業記憶を会議に応用することに他ならない。ボードや壁に付箋を貼る、段ボールのプロトタイプを作ってハサミや糊であれこれ修正するなどの作業は、「視空間スケッチパッド」を現実の世界で作っているようなものだ（図2.8）。

　ミーティングに視覚化を取り入れると生き生きとした記録ができる。その記録を見たり使ったりすることで、記憶はいっそう固定化されていく。R・H・ロジーはバドリーの研究を発展させ、視空間スケッチパッド

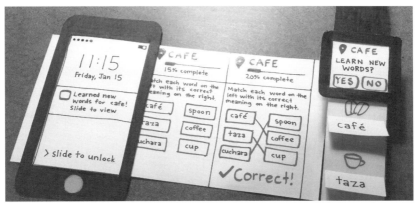

図2.8　ハサミやペン、紙でできたきわめて簡素な子どもの工作風プロトタイプ。Microsoftのプロダクトデザイナー、エイミー・メイ・ロバーツ作。

は2つの異なるパーツに分かれていると仮定した*9。視覚情報を記憶する「視覚キャッシュ」が形状と色についての情報を保存する一方で、「インナースクライブ」が空間上での動きと位置の理解を担うのだとした。脳の異なる部位が連携して、視覚的隠喩をもとにものごとをよりうまく記憶できるよう働いているというわけだ。

　アイデアがより効果的に脳に取り込まれれば、結果的にそれが全員で共有する記録となり、ミーティングの外へと持ち出され、やがてはそれに沿った行動が生まれる。やりとりをノートパソコンに打ち込む議事録と違い、目に見える記録(ビジュアル・レコード)なら、会議終了後に見直しや再検討される可能性が高い。ビジュアル・レコードを継続して活用することで、脳からさらに情報が引き出されていく。脳の各部位を使えば使うほど、記憶の形成と統合、応用が進むだろう。つまり、ミーティングで議論されたことが正確に実行に移されるのだ。

ジェーンのミーティングで脳を活用すると

　リアルだと認識されたことはすべて脳に入力される。脳が、ミーティングをデザインするうえで第一の制約であるなら、強力な学習体験を巧みに作りあげ、チームの関心をプロジェクトのしかるべき面に向けさせ、ミーティング内でさまざまなインプットモードに適応させることが可能だ。

　カリブ海の航空会社で働くジェーンとチームリーダー3人のミーティングの話に戻ろう。付箋で情報を視覚化すれば、ジェーンは2つのリスト(経費削減と時間節約)に加えるアイデアを分類し、ボード上でリストの中身を描き出せたはずだ。リストの一部だけでもその場で作成できた

---

*9　R. H. Logie, Visuo-Spatial Working Memory (Hove, UK: Psychology Press, 1995)

だろう。終了直後にボードの写真を撮って出席者と共有すれば、やるべき仕事の背景は十分に伝わったに違いない。その結果、改めて会議をする必要はなくなっただろうし、各チームのリーダーは会議の内容を正確に記憶し、なすべきことを明確に把握できただろう。

覚えておこう

　人間、具体的に言えば人間の脳は、ミーティングをデザインするときには必ず制約となる。いちばんの対策は、より効率的に記憶が形成できるよう工夫を凝らすこと。そのための方法は以下の通りだ。

- ミーティングで最も活発に働くのが作業記憶である。作業記憶は平均して30秒しか持たないが、個人によって差がある。よって情報は、ワン・オン・ワン（1対1）の会話のときよりもゆっくりとしたペースで、均一の量に小分けにして提示する。
- 作業記憶は、視覚情報と聴覚情報を独特の方法で処理する。よって、議論とビジュアル要素を競争的ではなく相補的なやり方で組み合わせること。
- ミーティング後にやるべき仕事を実行に移すうえで最も力を発揮するのは中期記憶である。ミーティングが長すぎると適切な中期記憶の形成が阻まれるので注意する。
- ミーティング中の脳は、聴覚、視覚、触覚を通じて情報を受け取る。
- ミーティングを20〜30分単位のプレゼンテーションやアクティビティ、議論に小分けにすると、出席者の「聞く力（と記憶の形成）」は高まる。小分けにした時間には、新たに得た知識や情報について話し合う時間を必ず設けること。それにより作業記憶が中期記憶へと移行しやすくなる。
- 長時間に及ぶミーティングで出席者の集中力を維持するためには、ドーナッツやクッキーよりも体にいい脂質とたんぱく質のほうが効果的。
- ビジュアル素材を取り入れると、普段であれば活かされないであろう脳の部位がアクティブになり、記憶の形成と強化が促されるので、ぜひお勧めしたい。ビジュアル・ファシリテーションは絵や図を描いてディスカッションを促す方法であり、シンプルなビジュアルが独特の効果をもたらすことを示す一例である。

- 付箋や小型のプロトタイプなど、手で触ったり動かしたりできるモノは、視覚化と脳の聴覚機能の結びつきを強化する。

③ アイデア、人、時間に合わせてアジェンダを作る

　デイブはフリーのコンサルタントで、どうやって情報を盛り込めばウェブサイトやアプリが機能を発揮できるかを企業が理解できるよう力を貸している。フリーランスであるため、デイブはクライアントそれぞれの企業文化に合わせるようにしている。最近担当した多国籍保険会社では、非効率的なデザインプロセスと社内デザインチームにかかる過剰な負担が問題になっていた。

　デザインチームの継続的な作業を簡素化するために、デイブは6つのデザイン原則を作成し、それを提示する会議を計画した。その目的は、デザインチームのメンバー5人とシニアステークホルダー2人にそれらの原則の共通理解を確立することで、見直しを図るためのフィードバックは求めていなかった。1つの原則に費やす時間は10分程度。そのなかでそれぞれの原則の適用例を1つか2つ紹介し、最後にごく短い時間でディスカッションをおこなう。デイブは次のようなアジェンダを作成した。

> **デイブのデザイン原則アジェンダ**
> - 1つの原則の概要を説明する（8分）
> - 1つの原則についてディスカッションする（2分）
> - （6つの原則について上記をおこなう）

　やるべきことは山盛りだ。デイブは、まずは原則の適用にチームの意識を向けさせられればいいと思っていた。質問が出たら、チームが実際に原則を使うようになってから、メールで答えればいいと心づもりをしていたのだ。

　会議がスタートしたときのデイブは自信にあふれていた。ところが2分後、クライアント企業のCEOであるジェームズが口を挟んだ。彼が会議の意図を根本的に間違って理解していることは明白だった。

「資料の36ページの図にある青のボタンだが、緑にできないか？」

　チーフ・デザイン・オフィサーのジャンが助け舟を出す。

「先を急ぎすぎのようですので、本題に戻りましょう。デザインチームは今週中にこれらの原則を使えるようにならないといけませんから」

　ジェームズは引き下がらない。

「いや、そもそもこのアジェンダにはどうにも納得がいかないんだよ。今回はさまざまなアプリケーション全部のデザインを細かく見直すものだと思っていたからね」

　ジャンはこれに異を唱える。

「それは時間のムダですよ、ジェームズ。資料は各自が都合のいいときに読めばいいのです。今はどうすれば原則を適用できるか、じっくり検討することにしましょう」

　それから30分のあいだにデイブが伝えることができた原則は1つだけ。2人のシニアステークホルダーが絶えず横やりを入れたからだ。そのあとも2人は、ミーティングに対する期待が違うがゆえの言い合いをひたすら続けていた。残念ながらデイブは、予定していた6つの原則のうち2つしか終えることができなかった。与えられた時間内で意図した

アイデアを伝えることができなかったのだ。

アジェンダの幻想

　ミーティングが手に負えなくなるなんて最悪だ。前述の例に登場した3人の目的はバラバラで、しかもそれぞれが両立しないものだった。デイブのアジェンダは組織のパワーゲームの犠牲になり、ジャンはデザインチームのために得たいと思っていたメリットが得られず、ジェームズの期待は彼自身の準備不足のせいで早々に打ち砕かれた。デイブは前もってアジェンダを伝えていたし、会社の「お偉方」にもメールを送り、他に期待することがあれば言ってほしいとお願いもしていた。しかし、多くの多忙な人たちの例に漏れず、ジェームズには準備の時間がなかった（作らなかった）。確かに言い訳にすぎないが、それはミーティングの計画を立てる際に現実に直面する制約でもある。

> うまく作られていれば、「ほとんど壊された」場合だってアジェンダは機能するはず。予測できない状況が起きて実行できなくなったとしたら、初めからアジェンダがもろすぎたのだ。
> ——ジェームズ・マカヌフォ
> （Pixel Press クリエイティブディレクター、『ゲームストーミング』共著者）

　目的が明確でどんなに準備万端でも、ミーティングは脱線する。時間とエネルギーを注いで立てた計画がうまくいかないなんてやりきれない。あなたにとっても準備をしてミーティングに臨んだ出席者にとっても失礼な話ではないか。
　だが、万策尽きたわけではない。ミーティングのアジェンダを構成する基本的な要素に変わりはない。ミーティングの時間は無制限でなく、始まり、中間部、そして終わりがある。出席者の数は決まっているし、彼らが抱く期待の数も限られている。期待とは、それぞれが頭に思い

描く、ミーティングに出席したそもそもの理由のことだ。アジェンダに縛られずに次の3つを最優先に考えていれば、デイブは状況を好転させることができただろう。

- 掘り下げたいのはどんなアイデアか。
- 出席していた人たちはそれらのアイデアについてどのような期待をしていたか（またはまったく異なるアイデアを期待していたか）。
- すべての情報を伝える時間はどれくらいあったか。

アジェンダをフレキシブルに扱うのは正しいが、そのためにはアジェンダ作成の核となる3つの要素：アイデア、人、そして時間について明確に理解しておくことが重要だ。これら3つの要素をしっかり守りつつ、目標達成のために柔軟に対応する。そうすれば、アジェンダがもろすぎて失敗することはない。

アイデアの数を数えてから人の数を決める

　カレンダーに表示されるビジネスミーティングはたいてい1時間だが、それはスケジュール管理ソフト（そして時計も）がデフォルトで1時間単位に設定されているからだ。簡単なチェックインだけなら1時間は長すぎるが、グループによっては、多くのアイデアや「適度に複雑なコンセプト」を詳しく検討するには足りない場合もあるだろう。だからまず、取りあげたいことがいくつあるかを数えよう。それがわかれば、ミーティングの規模を判断できる。
　「適度に複雑なコンセプト」にはどれくらいの情報を盛り込めばいいだろう。例をあげて説明しよう。デイブの6原則の1つは、「顧客を注目させ続ける」だ。オプションを詰め込みすぎてユーザーがどれを選べ

ばいいかわからなくなるのは、ソフトウェアデザインが陥りがちな落とし穴だ。そうならないようにするため、デイブはユーザーが次にとるべき最適なステップがスクリーンにわかりやすく表示されるようにするべきだと提案した。1つの複雑なコンセプトは、1つの情報を説明するいくつかの文章からなる。付箋1枚に書けるくらいが目安だ（図3.1）。

図3.1 1つの「適度に複雑なコンセプト」に含まれる情報はこの程度。

　「顧客を注目させ続ける」原則の意味を頭に入れておくのはさして難しくない。次にそのアイデアを最もシンプルなミーティングの文脈でとらえると、2人がそのアイデアについて合意に達する必要がある。理解を同じくし、それを基盤として今後の話し合いをするためだ。計算するまでもなく、2人のあいだの合意点は1つ。合意点は、ミーティングの出席者が新たに加わるたびに1つずつ増えると考えがちだ。しかしあいにく、話はそれほど単純ではない。

　3人いれば合意点は3つに増える。5人なら10だ。そして7人になると合意点の数は21と大きく増える。合意点モデルを表した図3.2の線の数を数えてみたらわかるように、12人ががやがやと話し合って全員の認識を1つにするのはひどく困難なのだ。

　ミーティングに1人加わる場合、新たに1人の合意を取りつければい

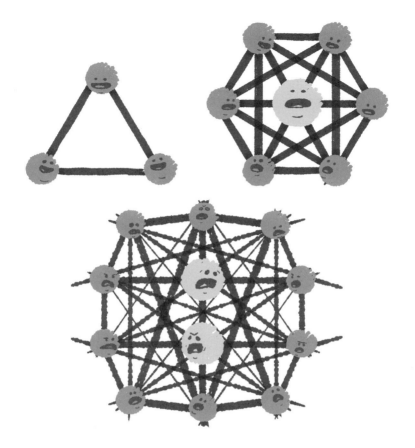

図3.2 3パターンの合意点モデル
　　3人：合意点は3つ（対応できる！）
　　7人：合意点は21（ふり回される）
　　12人：合意点は66（ほとんど不可能！）

いというわけではない。すでに関わっている人と同じ数だけ合意点を追加することになる。出席者の数を増やせば、ややこしさもみるみる増していく。ミーティングの計画作りを担当し、誰を招くか決める立場にいるのなら、まず出席者の人数は6、7人に抑えるようにしよう。

　どうしても7人以上になる、あるいは計画作成にまるっきり携われない場合は、各出席者がなぜ出席する必要があるのかを短く書き出して

みよう。彼らに何を期待するだろう。彼らを招く目的を全員に必ず知らせること。スケジュール管理ソフトを使っているなら、出席を要請する際にミーティングの目的を伝えるか、開催日が近くなったら、彼らに何を求めるかを各出席者にリマインダーとしてメールするといい。出席者にミーティングの直前に自分の役割を思い出し、正しい心構えを持ってもらうのに役立つはずだ。文書にしておけば、冒頭で出席者への期待に再び言及したうえで本題に入ることもできる。

　合意点モデルは、人が増えると議論がますます複雑になるという事実をわかりやすく説明している。デイブのプレゼンテーションを失敗に終わらせた原因の1つもそこにある。彼には対処しなければならない人が（彼自身を含めて）8人いたうえに、おわかりのように、なかにはミーティングの目的に対して異なる期待を持っている人たちがいた。だが、それが問題になったとき次の方法を知っていれば、すぐにデイブはアジェンダを調整できたかもしれない。その方法とは、出席者を2つのグループに分けることだ。

デイブのもともとのデザイン原則アジェンダ

- 1つの原則の概要を説明する（8分）
- 1つの原則についてディスカッションする（2分）
- （6つの原則について上記をおこなう）

調整後のデザイン原則アジェンダ

- デザイングループ（デザインチーム）とビジネスの成果グループ（上層部）の2つのサブグループの必要性を認識する
- 1つの原則の概要を説明する（8分）
- サブグループに分かれて原則についてディスカッションする（2分）
- （6つの原則について上の2つをおこなう）

2つのグループに分ければ、アジェンダに対する期待の違い（この場合はビジネス上の成果とデザインへの適用の取り組み）を切り分けられる。その結果、うまくいけば話の脱線に気を取られないですむし、最悪でも本筋と関係のない話し合いになるのを防ぐことができる。

人々を知る

　失敗できない会議ならば、事前にインタビューをしてさまざまな期待を探るという手がある。デイブはあらかじめアジェンダを送付していたが、それに加えてワン・オン・ワンの会話を通じてアジェンダへのフィードバックを得ることもできたはずだ。「ミーティング前のミーティング」の実施は、重要なミーティング、特により複雑なワークショップや集中的な会議に効果的だ。

　事前ミーティングによって、出席者の見解がどの程度一致しているかを前もって把握し、正しく理解している人と間違って理解している人を見きわめることができる。加えて、アジェンダを修正したり補足したりするのに使える情報も得られる。反対意見の効果的な伝え方や、彼らをコンフォートゾーン〔居心地はいいがそれ以上の成長が見込めない場所〕から引っぱり出すタイミングを突き止められるだろう。ミーティング前のインタビューをおこなう際は、以下の基本的なガイドラインを使うといい。

- 常に親密で気さくな口調で話す。
- できれば早いうちに対象者との個人的なつながりを見つける。住んでいた街やひいきのスポーツチームなど、共通のバックグラウンドや興味を探そう。ただし、たとえばCEOのような気後れしがちな相手の場合は、細かいことをしつこく掘り下げないように。無理強いをしたり時間をかけすぎたりしてはいけない。狙いは、信頼できる関係を築くきっかけ作りなのだから。

- ミーティングの目的と成果に対する具体的な期待を集める。
- 明確で直接的な質問をする。「私たちがこれから作ろうとしているこの製品はどんな機能を果たしますか？ それはあなたの仕事にどのように役立ちますか？」

　事前にインタビューをしていても、ミーティングで多くの情報を取りあげてとにかく多くの合意を達成しようとする人たちがいるかもしれない。情報を提示するペースを調整すれば、そういう人たちに対抗するアジェンダを作ることができる。理解と有意義なディスカッションを最大限に引き出すには、複雑なコンセプトをどんなペースで伝えればいいだろう？　短い時間にたくさんの情報を扱うには、有効な方法もあれば大失敗を招く方法もある。

時間に応じてアイデアの数を決める

　2005年に私は初めて大学で授業をした。経験がなかったため、人前に立つ恐怖心に打ち勝ち、毎週3時間実り多い話をするための方法を学ばなければならなかった。自分の知識を、効率よく楽しく情報を伝える学習経験に組み立てるにはどうすればいいか、見当もつかなかった。

　私は、教室で、そして教育コンサルタントとして30年間、子どもや大人、他の教師を教えた経験を持つ教育のエキスパートを見つけた。その人は2006年ナショナル・ティーチャー・オブ・ザ・イヤーの受賞者もじきじきに指導していた。彼女が私の母でなかったなら、忙しすぎて話をする暇などなかっただろう。私は彼女に教え方の基礎を指導してほしいと頼んだ。

　提示するアイデアの数を時間に応じて決める方法について、彼女から2つの簡単なガイドラインを教わった。どちらも、教室と同じように重役用会議室でも適用できる。

- 10分ほどのあいだに人がいっぺんに記憶できる複雑なコンセプトは7つくらいしかない（科学的に認められた現象で、ジョージ・ミラーはこれを「マジカルナンバー7±2」と呼ぶ[*1]）
- 次のコンセプトグループの説明に移る前に、10分ごとに前に説明した7つ（±2）のコンセプトをレビューする

　講演やビジネスミーティングは、構造化された情報を伝えるためのメカニズムだ。どちらの場合も、すべての人に等しくそうした情報を受け取る用意がある（意欲がある）とは限らない。参加する人たちがすでに持っている知識は多岐にわたり、第2章「ミーティングにおけるデザイン上の制約」で取りあげたように、作業記憶の容量は一様でないのだ。

　アジェンダの内容は、そういう難しさに対処できるように組み立てなくてはならない。カギとなるコンセプトを最大7つごとのグループに分けよう。私は5つにしているが、それは経験上5が把握しやすい数字だからだ。一度に取りあげるコンセプトの数を5にして、約10分おきにレビューのための休止ポイントを挟めば、認知負荷に対応し記憶や専門知識の差を調整することができる。

「5つのコンセプトグループ」を
ミーティングに活かす

　「以下の15の観点から私の主張の裏づけをしたいと思います」。議論の最中にこんな発言をする人がいたら、要注意。その人のプレゼンテーションは、聞き手がアイデアの重要性を理解して適用できるように意図して作られているとは思えない。ボイスレコーダーでもあるまいし、一

[*1]　G. Miller, "The Magical Number Seven, Plus or Minus Two: Some Limits on Our Capacity for Processing Information," Psychological Review 63 (1956): 81–97

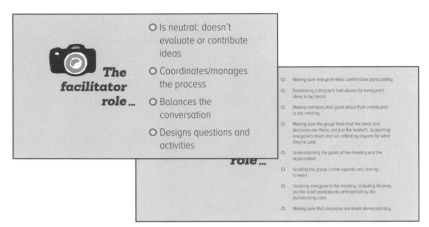

図3.3 どちらのスライドが扱いやすいだろうか。

度にそんなに多くのことを記憶するのは難しい。先に聞いたことから忘れていくだけだ。長い買い物リストを書いてそれを持たずに買い物に行き、覚えているものがどれくらいあるか確かめてみるといい。

　重要ポイントをまとめるのによく使われるのが、箇条書きのスライドだ。だが特にスライドを用意する必要はなく、ホワイトボードや手元にある紙にささっと書くので十分だろう。スライドを使うなら、1枚のスライドに載せる項目の数はマジカルナンバーを原則にするといい。各スライドに含める要素は5つ、それが無理でもできるだけ7つ以下にしよう（図3.3）。5つのコンセプトのグループをすべて説明し終えたら、レビューやディスカッションをおこない、知ったことを実践するための活動を考える。

　この方法によってアイデアを整理することには多くのメリットがある。まず、出席者が明確な説明を求めて口を挟んだり、まるで話を聞かないなどしてぎくしゃくすることがなくなる。たとえ自分が責任者でなくても、情報が提示されるペースが手に負えなくなってきたと思ったら、無理なく理解できるペースに戻してかまわない。コンセプトの数を常に把握し、マジカルナンバーに達したと思ったら、そこでいったんス

トップしてレビューするよう求めるのだ。そうしたレビューは出席者全体の理解を補強するのに役立つ。プレゼンターも、小休止を入れたり、情報の組み立て方を工夫したりして、臨機応変に対応するようになる。

　この点、デイブのデザイン原則のアジェンダはうまくペース配分ができていたようにも思えるが、実際はそうではなかった。もともとは1つの複雑な原則を10分かけて扱う予定だったものの、各原則に関連して提示する情報の数を決めておかなかったため、計画通りにいかなかった。そもそも、出席者にとって妥当と思われる認知負荷が、まるまる1時間の会議というコンテクストのなかで考えられていなかったのだ。

　すべての原則をミーティングの冒頭で提示するようなアジェンダにしていたら、デイブは出席者についていくつかの情報をくみ取ることができただろうし、問題が起きたときに情報を提示するペースを調整するのに役立ったのではないだろうか。どの原則がいちばん関心を集めたか。理解が難しい原則はどれか。最初に原則全体について説明するだけで、出席者の思い込みや意図によってミーティングがどこへ向かいそうなのかはっきりするはずだ。

デイブのもともとのデザイン原則アジェンダ

- 1つの原則の概要を説明する（8分）
- 1つの原則についてディスカッションする（2分）
- （6つの原則について上記をおこなう）

調整後のデザイン原則アジェンダ

- 6つの原則すべてを説明する（10分）
- 1つの原則について詳細を説明する（6〜7分）
- 原則についてディスカッションする（2分）
- （6つの原則について上の2つをおこなう）

5つのコンセプトグループが
十分でないとき

　あなたやあなたのチームの重要な意思決定を助けるのが理想的なミーティングだ。なかには意思決定の根拠を5つのコンセプトグループにまとめきれないケースもある。たとえば、パワーポイントによる極端な簡素化がプレゼンテーションの根拠を弱め、間違った意思決定をもたらしていると批判したエドワード・タフトも、その点をはっきり指摘している[*2]。しかし、だからといって「5つのコンセプトグループ」を無視していいわけではない。

　複雑な情報のプレゼンテーションで、「今日はお話ししなければならないことがたくさんありますので、さっそく始めましょう」というセリフは禁物。そのことばのあとにはいつだって、マシンガンのごとくアイデアをやたらめったらまくしたてるものと相場が決まっている。

　それよりも、人が頭のなかでうまく処理できる構造に落とし込んで複雑な情報を伝えたければ、小休止ポイントを追加しよう。出席者はその時間を使って、新しく提示されたコンセプトをふり返り、補足し、その重要性を以前に取りあげられたコンセプトと比較して評価することができる。扱いやすい5つのまとまりに分ける（そしてまとまりごとにレビューする）のは、そのほうが人々が伝えられた情報を自分なりに理解しやすいからなのだ。

---

*2　E. Tufte, The Cognitive Style of PowerPoint（自費出版、2003）

アジェンダを計算する

　簡単な計算をしていれば、デイブはもっといいアジェンダを作ることができていただろう。頭に入れておいてほしいのだが、1つのコンセプトは1つの事実または現象を説明する1〜2つの文章からなる。10分で5つのコンセプトを紹介するとしたら、デイブが1時間に扱うことができるコンセプトの数は30になるはずだ。より深い実行可能な記憶を形成するためにレビューの時間を設けるなら、半分の15に減らし、レビューの時間を10分ごとに設定しよう。そして、ディスカッションとレビューには説明と同じだけの時間を割り当てる。つまり、15の複雑なコンセプトを5つごとのグループにまとめてそれぞれ10分で説明し、余った10分でディスカッションし適用例を検討するのだ（図3.4）。これなら、どんなプレゼンテーションにも適した基本のペースを確立できる。

図3.4　適度に複雑なコンセプト5つを10分で説明し、さらに10分かけてレビューする。

> **デイブのもともとのデザイン原則アジェンダ**
> - １つの原則の概要を説明する（８分）
> - １つの原則についてディスカッションする（２分）
> - （６つの原則について上記をおこなう）
>
> ----
>
> **調整後のデザイン原則アジェンダ**
> - ６つの原則すべてを説明する（10分）
> - １つの原則の５つの適用例を検討する（10分）
> - １つの原則の適用例についてディスカッションする（10分）
> - 次の原則の５つの適用例を検討する（10分）
> - 次の原則の適用例についてディスカッションする（10分）

　ここまでかなり改善したとはいえ、ミーティングをあらぬ方向に導くおそれのある問題はまだ解決していない。出席者同士が話をするとき、大人数のグループの場合は何かと厄介だ。脱線が生じるからだ。けれども、それに対処するには、参加者の数に合わせて提示する情報の数を決めればいい。よくわからない？　では、かみくだいて説明しよう。

グループに分ければ、アイデアの移動が円滑になる

　人が集まって話をするときに脱線はつきものだ。脱線は本来いいとか悪いとかいうものではなく、何かの意味を理解しようとする脳の働きによって起きる。論理的に思える判断をしたいと思うと、人間は頼りになるパターンを探す。追求するパターンは人によって異なり、その違いがそれぞれをバラバラの方向に導くおそれがあるのだ。ミーティングでパターン認識が問題になるのはそのためだ。

　その結果生じる予測不能な脱線による失敗を充実した成果に変えるなんて、猫に集団生活をさせるくらい骨が折れる。すぐに本題から外れてとりとめのないことを考えてしまう頭の動きを見張る取締官にで

もなれというのか。いや実は、それよりもっと効果的な方法がある。ディスカッションを少ない人数のグループに分けておこなうのだ。

　適切に構成された少人数のグループなら、あなたがあらゆる発言を監視せずとも、出席者は脱線しないように自らを抑えるようになる。

> 座席の配置は人々の関係に影響を及ぼす。たとえば、小さいグループに共同作業をさせたければ、席はサークル状に配置するといい。大人数のグループに1つのテーマについて話をさせる場合は、長いテーブルの両側に対面するかたちで座らせるようにする。
> ——ケイト・ラター（Intelleto 創業者 http://intelleto.com/）

　これまでに私がファシリテーターを務めた最大の会議の1つが、スミソニアン協会のアメリカ合衆国ホロコースト記念博物館の職員たちによるものだ。大きな部屋は50人以上の人たちでぎっしりだった。みな博物館後援者の経験を向上させる、すなわち後援者が博物館の展示についての知識を深め、博物館の意義に共感できるよう力を貸すために集められたようだ。

　合意点の図を使って、12人の合意点は66と説明したのを覚えているだろうか。50人ともなれば、合意点の数は1,225にふくれ上がる（図3.5）。それほど多くの人々のさまざまな見解を統一するなんて、とんでもない話に思える。だが、その会議にそうした意図はなかった。むしろ出席者全員に、構造化された同じプロセスに従って一連のアイデアについて考えさせるのが狙いだった。最終的にバラバラの結論に達することが会議の目的の一部だったというわけだ。

> ミーティングの計画作成に大いに役立つのが、「6と90ルール」だ。人数が6人を超えると会話がそれ以上深まることはまずないし、90分をすぎると集中力が切れる。
> ——ジェームズ・マカヌフォ
> （Pixel Press クリエイティブディレクター、『ゲームストーミング』共著者）

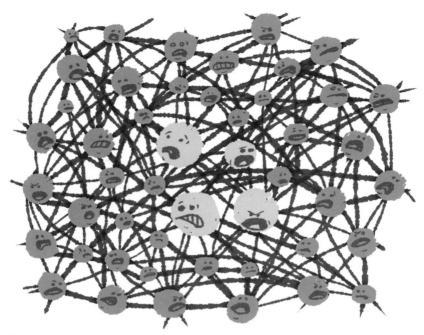

図3.5 50人のミーティングに合意点はいくつある？　そうだな、「山ほど」とでも言っておこうか。

　もし12人で66もの数の合意点を達成しようとしていたとしたら、どうだろう。合意点と同じ数だけ複雑なコンセプトが生まれ、それらを5つごとのグループに分ける必要があると考えてほしい。アジェンダを計算するとこうなる。

1. 66の適度に複雑なコンセプトを5で割ると、13のコンセプト・グループができる。
2. 1つのグループにかける時間は20分（おおまかな内訳は、プレゼンテーションに10分、ディスカッションに10分）。13グループで合計260分（約4時間30分）。
3. 脱線やクリエイティブな作業の時間は含まれていないので、それらの時間を追加する。
4. 泣く。エナジードリンクをたくさん買い込もう。

12人全員のディスカッションではなく、6人ずつ2つのグループに分かれて座らせた場合はどうなるだろう（図3.6）。6人が共通の理解に達するときの合意点の数（生じるコンセプトの数）は15。前述の計算に従えば所要時間は60分だ。ざっと見積もって最後にクリエイティブな作業をするのに15分、話の逸脱に15分必要だとしても合計90分となり、ジェームズの「6と90」ルールにもぴったり合う。

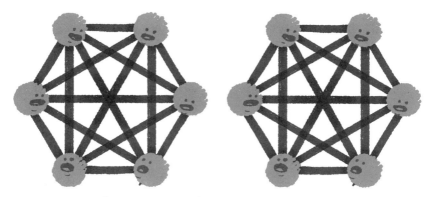

図3.6　6人のグループ2つなら、12人グループにかかる時間の半分以下で同じ作業をすることができる。

　各サブグループはディスカッションの成果を、1つの結論として、適度に複雑なコンセプトの形で明示することができる。2つのグループそれぞれがアイデアを1つ提示する場合、残る合意点は1つだけだ。片方ともう片方の意見が同じになればいい。さらに15分使って両グループの見解の違いを検討して考えを統一しても、合計時間はまだ2時間を切る。12人の場合にかかる4時間超の半分以下だ。

　ミーティング中のグループ分けにより、とりわけ出席者が7人以上の場合、理解の認知負荷はさらに分散される。8人なら4人のグループ2つに分けよう。15人？　5人グループを3つ作ろう。この方法は、私がホロコースト博物館でおこなったような大規模なワークショップにも簡単に適用できる。そのときは最大7人のグループを7つ作り、具体的

なデジタル展示戦略についてじっくり検討した。2時間後、複雑な問題を解決するための3つの実行可能な独自のアプローチについて、私を含む50人（！）グループとして合意に達した。

　大がかりなミーティングでは、少ない人数のグループに分けて作業することで時間もお金も人的コストも節約できる。

ミーティングのコスト

　ミーティングにかかるコストを計算するなら、出席者全員の時間給に所要時間をかけるのがいちばん単純な方法だ。例をあげよう。2016年の配管工の適正時給は25ドル[*3]。新たに水栓を取りつけるのに配管工を1人雇い、その配管工が工事の計画を立てるのに他の3人の配管工と1時間ミーティングをしなくてはならないとしたら、どうなるだろう。2時間労働で50ドルと思われた当初のコストに、ミーティングのコスト100ドルが加わる（時給25ドル×4人×1時間）。その結果作業コストは3倍に増えた（図3.7）。デザイン会社の場合、請求される可能性のある料金は1時間あたり200ドルを優に超える。弁護士にいたっては1時間1,000ドルだ。しかも彼らは何度もミーティングを開く。社員の数が5万を超える、給料のいい業績好調な現代の企業について考えてみよう。コストの額は「莫大な」ということばではとても説明しきれるものではない。

　さらに、人的コストには時給以外にも考慮しなければならない側面がある。ミーティングにたびたび出席すれば、仕事を完了させる効率が下がる。ミーティングはフロー状態（仕事が最高に楽しく充実したものになる状態）に水を差すのだ。

[*3]　"Careers," US News and World Report,
http://money.usnews.com/careers/best-jobs/plumber/salary

図3.7 配管工が作業にかかる前に工事についてミーティングする必要があるとしたら、コストはいくらになる？

　どんな仕事でも最低限の成果をあげるためには、集中的に仕事をする時間が毎週6時間（以上）必要だと仮定しよう。月曜から金曜のあいだに6時間くらい確保するのは比較的容易なはずだ。しかし、ミーティングがあると1つの仕事だけに集中できなくなる。多忙なスケジュールの合間に6時間もじゃまされずに作業をするのは厳しいだろうし、時間を捻出し続けるのはもっとたいへんだろう。

デイブがもっとしっかりした アジェンダを作るには

　シニアステークホルダー2人が会議の成果に対して異なる期待を持っ

ていたことに気づいたとき、デイブはデザイン原則についてのプレゼンテーションの主導権を失った。彼自身を含め出席者は8人。デイブは6つのデザイン原則とそれぞれについて詳細な例を1つずつ、合計12のコンセプトを取りあげようとしていた。

会議に臨む前にデイブは以下のような計算をすることもできた。

1. 8人の合意点の数は28。つまり1つの原則につき28、合計168のコンセプトが生まれることになる。
2. 168のコンセプトを5つごとのグループに分け、各グループにプレゼンテーション10分、レビュー10分と相応の時間を割り当てると、すべてを網羅するには約11時間かかる〔168÷5＝33.6。34コンセプト・グループ×20分＝680分＝11時間20分〕。

デイブが予定していたミーティングの時間は1時間。どうりで原則を2つか3つしか伝えられなかったはずだ。しかもCEOが横やりを入れたのだからなおさらだ。

これまで見てきたアプローチを活用し、短い時間でより多くの情報を提示するには、デイブのアジェンダをどう修正すればいいか考えていこう。

調整後のデザイン原則アジェンダ（最終版）

- 6つの原則すべての概要を説明する（10分）
- 6つの原則すべてについてディスカッションする（10分）
- 出席者をデザイングループ（デザインチーム、グループ1）とビジネス成果グループ（上層部、グループ2）の2つのサブグループに分ける
- グループ1　1つの原則のデザインへの適用例を5〜7つ検討する（10分）
- グループ1　1つの原則のデザインへの適用例についてディス

カッションする（10分）
- グループ2　1つの原則のデザインへの適用例を5～7つ検討する（10分）
- グループ2　1つの原則のデザインへの適用例についてディスカッションする（10分）
- 再び全員で集まり、各グループによるディスカッションの重要ポイントを共有する（20分）

　同じ目標を達成するのに、デイブが万全のアジェンダを作成する方法は他にもある。最初に問題発生の兆候が見えたとき、厄介な問題の発生を防ぎスピードアップを図るために、出席者を2人1組にすればミーティングをリセットすることができたはずだ。各ペアが2つのデザイン原則を10分ずつ検討し、既存のウェブサイトや製品にそれらをどう適用できるかについて独自のアイデアをひねり出すことができただろう。10分後、全員でそれぞれが担当した2つの原則について、ディスカッションのポイントや原則の適用方法を共有すればよかった。

もう1つの調整後のデザイン原則アジェンダ
- 6つの原則すべての概要を説明する（10分）
- 6つの原則すべてについてディスカッションする（10分）
- 出席者を2人1組にする〔デイブを除く出席者7名を3組のペアにする〕
- 3組のペアがそれぞれ1つ目のデザイン原則についてディスカッションし、適用例を考える（10分）
- 3組のペアがそれぞれ2つ目のデザイン原則についてディスカッションし、適用例を考える（10分）
- 再び全員で集まり、各ペアによるディスカッションの重要ポイントを共有する（20分）

デイブが途中で批評を入れれば、もう少し時間がかかるかもしれない。それでも、このアプローチなら1時間で6つの原則すべてを扱うことは可能なはずだ。出席者は各々2つの原則を掘り下げて適用例を考え、さらに他のペアが検討した4つの原則に関する最終的なディスカッションにも参加できただろう。やり方を変え、人とアイデアの数をうまく調整しつつ、会議の予測不可能な性質を計算に入れてフレキシブルに対応すれば、同じ時間でデイブが目指す成果は達成されたのではないだろうか。

覚えておこう

　たとえ予想通りに展開しなくても、数を調整し臨機応変な対応ができるようなアジェンダを作成することができる。アイデアと人数、時間を念頭に置いてフレキシブルなアジェンダを作るためのステップを紹介しよう。

　まずは、扱う情報の内容や数について。トピックを提示するときに目指すペースを決める。ミーティングで取りあげたい適度に複雑なトピック、つまりコンセプトの数を5つずつのグループに分けて「コンセプトグループ」を作り、それぞれに割り当てる時間を20分とする。

　20分の内訳は、プレゼンテーションに10分、アイデアの適用例を考える時間が10分だ。1時間で検討できるコンセプトの数は15だが、話が横道にそれたりクリエイティブな考察をしたりする時間を見越すなら、それよりも少ないと思っておいたほうがいい。

　　例：出席者が7人以下の場合

　・1つの「コンセプトグループ」に要する時間＝プレゼンテーション　10分＋レビューとディスカッション10分

　・異なる15のコンセプト÷5＝3つのコンセプトグループ

　・1つのコンセプトグループにつき20分×3＝60分

　望ましい人数、または時間の制約に合わせてアジェンダを調整しよう。ディスカッションで話し合う内容や人を増やす必要はあるか。議論するうちに思いもかけなかった重要なアイデアは生まれたか。

　出席者をより小さいグループに分けて並行してディスカッションさせることで、時間をさらに有効に活用する。最後にサブグループが重要ポイントを全体で共有する時間を設け、最初の目標を確実に達成しよう。

例：より大人数のグループ（15人）の場合

・人数ができるだけ均一になるように、5人以上7人以下のサブグループに分ける。15人なら3グループになるだろう

・前述のやり方で決めたペース（15のコンセプトを60分前後で）で、計画したアイデアを取りあげる

・最後に各サブグループによるアイデアのプレゼンテーションの時間を5～10分追加する（合計でさらに30分）

ファシリテーションによって意見の対立を乗り切る

　2012年、ドーンは米国北東部の3つの州で数百万人にニュースを提供する、地方のニュースサイトのディレクターとして働いていた。彼女は業界の大きな変化への対応に取り組んでいたが、それがたびたびミーティングで意見の衝突を引き起こしていた。ウェブサイトのデザインを再び一新するにはコストがかかりすぎる。とはいえ、市場の変化に対応するにはサイトのリデザインがどうしても必要だ。市場ではモバイルデバイスへの移行が急速に進んでいたのだ。折しも、モバイルフレンドリーではないニュースサイトはビジター数を減らし、その結果広告収入が減少しているさなか。ドーンは、毎月収益を減らす一方のものに対する投資の重要性を納得させなければならないという、きまりの悪い立場にいた。
　前回のリニューアル時にドーンのチームが作成したウェブサイトは、スマートフォンで見やすいものではなかった。ところが、それから2012年までのあいだにサイトトラフィックのおよそ3分の1がそうしたデバイスからのものになり、その割合は着実に増えている。しかも困ったこ

とに、それと同じ数だけのビジターが即座にサイトを離れていたのだ。ドーンは、画面サイズに合ったフォーマットが自動で変更されるウェブサイトを読者に提供する、レスポンシブデザインを導入する必要性を痛感していた。

　ドーンは上層部とモバイル戦略について話し合うためのミーティングを計画した。しかし、レスポンシブデザインはデザインに対する上層部の旧来の認識とは相容れないに違いない。何しろ彼らは、「デザイン」はどんな環境にあっても同じに見えるものだと思い込んでいるのだ。そして、そうした認識の違いがグループの話し合いを難しくした。コンテクストによって見え方が変わるものをデザインする方法について、全員の理解が同じでなかったからだ。

　ドーンはまず、レスポンシブデザインを最初に取り入れた大規模ニュースサイト『ボストン・グローブ』のウェブサイトを見せた。異なるサイズの画面でそのサイトがどう表示されるかを説明すると、レスポンシブデザインについてのお決まりの質問があがった。
「では、これはデスクトップの画面でもこんなに小さく見えるのかい？」
「広告がこんなに小さいのはなぜなんだ？」
「みんな実際にそんなにスクロールして記事を読むのかね？」
　そのとき、まさに決定的とも言うべき質問がドーンの上司の口から放たれた。
「ほんとうに、ウェブサイトをはじめから作り直して、この前チームに作らせたばかりのコードを全部捨てないといけないというのか？」
　ドーンはきっぱり「その通りです」と述べて、こう続けた。「今やらなければ、短期的に見て読者を失うでしょう。モバイルデバイスで見られないせいで、人々が私たちのウェブサイトから離れているからです。広告収入も減るでしょう。しかしもっと深刻なのは、デバイスの今後の長期的な進化にウェブサイトを対応させることができないことです。将来登場するデバイスはどれも今とは異なります。けれどもこのアプローチなら、どんなデバイスを使ってもコンテンツは自動的に読みやすいフォーマットにおさまるのです」

CEOの答えはこうだ。「とにかく、今ウェブサイト全体を作り直す予算はないよ」

対立は悪いことばではない

　ミーティングはツールだ。他のツール同様、ミーティングデザインの良し悪しは、制約に対処しながら意図した成果をどれほどうまく達成できるかによって決まる。本書ではここまで、人（および彼らの脳）、アイデア、時間という、ミーティングの核となる制約を見てきた。それ以外に、チームメンバー間の確執、ビジネスゴール、その他の利害衝突など、もっと詳細に検討する価値のある制約は他にもある。
　人は往々にして職場における意見の対立を避けようとする。気持ちが滅入り、不快になるからだ。何を成功とするかについての考えが人とぶつかるとき、誰も自分が負けるとか間違っているとは思いたくない。だが、対立に対処し、よく考えて解決しなければ、仕事は成し遂げられない。対立を無視すれば、職場で同じ問題が繰り返し起こることになる。

　　会議で意見がぶつかると予測する人が、対立の口火を切る可能性が最も高い。
　　——アダム・コナー
　　（MAD*POW 組織デザインおよびトレーニング担当副社長、『みんなではじめるデザイン批評』共著者）

　意見の衝突は、仕事をしていれば必ず生じるもの。たとえばコンサルタントとクライアントの目標はいろいろな点で相反する。クライアントは、できる限り少ないコストでサービスへの投資を最大化したい。費やすリソースを抑えながらも、新しいウェブサイトのようなプロジェクトや資産が競争の激しい市場で成長力を向上させることを期待する。

それに対して、コンサルタントが最大の成果をあげるのは、予想外の出来事に対応できる柔軟なスケジュールを組み、リサーチや観察をふまえたより的確な意思決定を可能にするほど潤沢なリソースがある場合だ。そのために、クライアントには積極的に多くのリソースを投じることが求められる。

　プロジェクトの売り込みや競争入札の質疑応答セッション、仕様変更の議論の場面では、クライアントとコンサルタントのこうした確執は起きて当然だ。それでも、これらの話し合いは双方にとってなくてはならないものである。うまくいけば、意見の対立を浮かび上がらせ、客観視できる。限られたリソースと大きな成果を目指す高い目標の葛藤を乗り切るのに、ミーティングはうってつけの手段なのだ。

　対立はおそれるべきものでも避けるべきものではないが、うまく乗り切る必要はある（図4.1）。効果的に対処すれば、グループが正しい意

図4.1　意見の対立は気まずいが、必要なものでもある。ファシリテーションなしでは乗り切れない。

思決定をする助けになる。グループの適切な判断に力を貸すと同時に、複雑な対立にしかるべき配慮をするのに最適なツールがファシリテーションだ。ファシリテーションはなじみのあることばで、それが何であるか知っていると思いがちだが、実は職場によってその意味するところは異なる。仕事にとって有効なミーティングデザインについて考えるために、ここではファシリテーションを次の2つの意味に定義する。

- ファシリテーションの明確な役割は、対立に対処することである。ファシリテーターは通常1名だが、複数の小規模グループがある場合は、各グループに1人ずつ配置して複数の人がその役割を担う。
- ファシリテーターは、発散と収束の段階を経ながら議論を建設的に進めていく。話が本題から外れてもよしとするが、きちんと対処して話し合いを意思決定に導く。

ファシリテーションの役割

　理論上、会議のファシリテーションには2つのシンプルなステップが必要だ。第1に、ファシリテーターはその後のディスカッションが従う構造、つまりミーティング・アジェンダを提示する。第2に、ファシリテーターはアジェンダによって参加者を導き、話し合いに加わるすべての人ができるだけ邪魔されないようにする。実際には、これら2つのステップを実行するのは簡単ではない。経験豊富なファシリテーターの他に、ファシリテーターの成功をサポートする文化が求められる。ミーティング経験をよりよいものにするために、ファシリテーターはどんな務めを果たし、何をしないか、出席者の役目は何かを明確にすれば、ファシリテーションはことのほかうまく機能する。

　ファシリテーターの仕事の不変の定義が、ドイルとストラウスの『会議を機能させる方法(How to Make Meetings Work)』に書かれている[*1]。

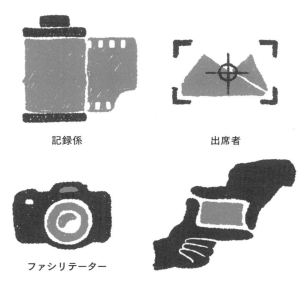

図4.2 ドイルとストラウスが提唱した、ミーティングでファシリテーションをうまく機能させる4つの役割。

それによれば、ファシリテーターは会議を機能させるのに不可欠な4つの役割（ファシリテーター、記録係、会議を必要とするリーダー、出席者）の1つであるという（図4.2）。ファシリテーターにいちばん多い間違いのほとんどは、ドイルとストラウスのシンプルなガイドラインに従わないことによって生じる。

ファシリテーターがやりがちな間違い

　ファシリテーターがミーティング中に何をするかは明らかだ。プロセスを取りしきり、ディスカッションを進行させる。誰が話しているかに注意を向け、話し合いが目指す目標にどこまで近づいているかを見きわめる。誰が発言するかを管理し、話す時間を制限し、発言していな

＊1　Michael Doyle and David Strauss, How to Make Meetings Work (New York: Berkeley Publishing Group, 1993, original edition, 1976)

い人も何らかの役割を果たせるようにしながら、必要に応じてアジェンダを調整する。

ファシリテーターの失敗にはたいてい2つのパターンがある。最初の誤りが起きるのは、ミーティングが始まる前だ。ファシリテーターはアジェンダを独断ではなくステークホルダー（ドイルとストラウスのことばを借りれば「リーダー」）の力を借りて決定しないといけない。それによって、望ましい成果を達成することができるのだ。たとえば最終的な意思決定や問題の適切な理解など、その具体的なかたちがどんなものであれ、そうした成果は、たとえ完全に決まっていなくても、組織のステークホルダーからファシリテーターに十分に伝えられなければならない。

次に、ファシリテーターは中立の立場を忘れたときに失敗する。レスポンシブデザインの予算の必要性を訴えようとしたドーンのミーティングがうまくいかなかったのはそのためだ。ドーンは明らかに成果に肩入れしていた。ファシリテーターは、質問して議論を活発にし、参加者に望ましい行動をとるよう指導し、次に何をすべきかについての質問に答えなければならない。参加者全員が等しく公平に役割を果たせるようバランスをとるのが務めなのだ。トピックに対する思い入れが高じて、それについての議論を盛り上げたくなるのは気持ちとしてはわかるが、危険だし、場合によっては非効率的だ。強い関心を持っているトピックの議論で中立を維持するのは難しい。しかし、あなたが偏った見方をしていることに気づかれたら、あなたのファシリテーションは参加者にいっさい信頼されなくなる。

ファシリテーションを妨げるよくある間違い

ドイルとストラウスは、ファシリテーターが職務をうまく果たすサポート役として3つの役割を定めている。1つ目は正式な記録係（public recorder）。記録係はリアルタイムでディスカッションの内容を記録することに集中しなければならない。次が議論で成果をあげることに注力すべき出席者（5人以上のミーティングではほとんどの人がこれに該当する）。最後がリーダー（ステークホルダー）で、関与するすべての人に、できれ

ばミーティングの開始前にミーティングの意図を伝えるのが役目だ。

　これら3つの役割に関連する落とし穴がいくつかある。たとえば、正式な記録係は第2章「ミーティングにおけるデザイン上の制約」で言及した書記（scribe）と混同されるが、記録係の仕事はすべての発言を文字に起こすことではない。記録係はディスカッション中に重要なコンセプトをリアルタイムで全員に見える方法で記録する。壁またはホワイトボードを使う場合、すべての人の話を一字一句書き留めるのは無理だ。重要ポイントだけを手書き（手描き）で、大きく、出席者が見えるように記録するのは、聞く人のサポートになる。何かを聞き逃しても、目で見てそれを思い出すことができるからだ。認知負荷が、個人の記憶からドイルとストラウスの言う「グループ記憶」に軽減されるというわけだ[*2]。書記が1人にしか見えないノートパソコンに残す議事録では、それは不可能である。もっと言うなら、あらゆる人の発言を書き留めたところでまったく役には立たない。記録係はファシリテーターと協力し、判断力を十分に発揮して、何に記録する価値があり、何にないかを見きわめなければならないのだ。

　出席者も記録係とファシリテーターを活用するのを忘れがちだ。記録係の記録が自分の見解を正しく反映していないと思ったら訂正を求めるべきだし、アジェンダ、ファシリテーターの意識、ファシリテーションスタイルに偏見がないかをモニタリングしなければならない。

　加えて、リーダー（ステークホルダー）はよくファシリテーターと間違えられる。リーダーはミーティングの成果に責任を持つステークホルダーではあるが、ミーティング経験そのものに責任を負うわけでは必ずしもない。ステークホルダーは、正しいミーティング経験を構築して成果を達成する責任を果たすファシリテーターに、期待する成果を明確に説明しなければならない。

　リーダーやステークホルダーがよくやる間違いの最後は、出席すべき

[*2] Michael Doyle and David Strauss, How to Make Meetings Work (New York: Berkeley Publishing Group, 1993, original edition, 1976) p. 38

でないミーティングに出席することだ。上層部の地位にある人が自分で招集したミーティングに欠席しても問題はない。むしろいないほうがうまくいく可能性がある。何しろプレッシャーが少ない。たとえば出席者は発言が評価される心配がないので、思い切って意見を言えるのだ。

ドーンのミーティングでは、主要なステークホルダーが出席したために、レスポンシブデザインの理解という成果は軽んじられ、そのためのコストばかりが強調された。リーダー／ステークホルダーがミーティングに出席するなら、出席者の1人という立場に立って、ディスカッションが生産的なパターンに沿って進み出すまでは、ときに重要な意思決定を控えるのがいい。「チームの1人」として出席するのなら、ディスカッション（およびメンバー）が評価されているとは感じにくくなるはずだ。階層を意識しなければ、出席者はともすれば避けがちな対立に向き合うことができる。

ファシリテーションの試み

ファシリテーターを中心としたこの4つの役割のシステムは、ミーティングをより効率よく実施できる基盤としての機能を果たす。ただし完璧ではないため、柔軟な対応をしないといけない。たとえば、大人数のグループには往々にして複数のファシリテーターが必要になるし、出席者が少なく小さいグループならファシリテーターと記録係を1人が務めるなど役割を兼任する場合がある。

起こりがちな間違いを防げば、対立を認識して画期的な解決策を探すのが容易になるだろう。その第1歩がファシリテーターの任命だ。話し合いが順調に進んでいるか、どこで話を終えるべきかを、判断する人を決めるのだ。ファシリテーターの指名は小さな変化だが、結果は大きく違ってくる。各ミーティングの開始時に誰がファシリテーターを務めるか伝えたら、ぎこちない沈黙と妙なムダ話がおさまるのを待とう。

本章の冒頭で紹介したミーティングは、ファシリテーターが任命されていなかったせいでうまくいかなかった。ドーンが目指した成果は問題解決にかかるコストを節約したい上層部の意見と衝突した。彼女は偏った立場で会議を進行していたのだ。第三者であるファシリテーターがいればもっとうまくいったに違いない。

　それが無理ならば、ドーンがファシリテーターをするという手もあった。ただしその場合は、チームからレスポンシブデザインの専門家をディスカッションに参加させなければならない。そうすれば、その人が質問に対応し、ドーンは話し合いそのものに注力できただろう。問題の理解における最大のギャップがどこにあるかを察知し、最大の対立点に的を絞り、会議をより効果的な戦略の考察に向かわせることができたはずだ。

リモートミーティングにおける記録とファシリテーションの方法

　リモートミーティングは今ではかなり一般的で、リモートミーティングしか知らない人もいるくらいだ。あちこちに分散した出席者とのミーティングならではの影響を受けるのが、ファシリテーターと記録係。彼らの役割は全員が同じ部屋に集まるときとは異なる。

リモートミーティングの記録

　記録係は、全員に同じグループ記憶を見せるために数多くの新しいツールを自由に使うことができるので、その点ではリモートミーティングの恩恵を受ける。そうしたツールには、複数の当事者がリアルタイムで編集できるクラウドベースのドキュメント、共有スクリーン用のホワイトボード／スケッチ・ソフトウェアなどがある。これらを使えば、話をしながら全員のスクリーンに直接グループ記憶を送信することができる。

　その一方で、リモートミーティングでは共通のスクリーンに出席者の

注意を向けさせることができない。そのため、記録係はときどき、「これらは今まで取りあげてきたアイデアですか？　我々の意思決定を正確に反映していますか？」などと言って全員に確かめないといけない。リモートミーティングの記録係には、ミーティング終了直前に、何について話し合ったか、何が決まったかをポイントごとにふり返る時間を数分間与える必要がある。

リモートミーティングのファシリテーション

　リモートミーティングのファシリテーションには難しい面がある。ファシリテーションはその場の信頼関係のうえに成り立っていて、その信頼関係の大部分は非言語コミュニケーションによって得られる。ふさわしい声のトーンや大きさ、ことばづかい、姿勢が、ファシリテーターへの信頼を左右する。ところがリモートミーティングの場合、使える手段は声だけだ。テクノロジーの恩恵を受けられるとしても、二次元の映像くらいのものだ。リモートディスカッションをファシリテートするときは、発言に関する基本ルールを細かく決めておくと都合がいい。たとえば、全員が他の方法で出席者を区別できるようになるまで／ならない限り、話を始める前にまず名前を名乗らせるようにするといいだろう。

　デジタル電話会議用ツール（オンライン電話会議、無料ビデオ電話など）は発言者の名前を強調表示できるので便利だし、各出席者が話す合計時間の割合を追跡管理することも可能だ。どれくらいの時間話しているかは、自分のファシリテーションスタイルを考えるうえで特に重要なポイントだ。しゃべりすぎだろうか、それともことばが足りていないだろうか。自身のファシリテーションスタイルとそれが会議に適しているかを認識することが大事だ。この点については次の章で詳しく検討したい。

　他にも、出席者がリアルタイムで記憶の共有に貢献できるようにする、リモートホワイトボードやスケッチボードといったツールがある（図4.3）。とはいえ、必ずしもすべての人が同じようにそうしたツールを扱えるとは限らない。共同でアイデアをスケッチする場合、マウスやスマートペ

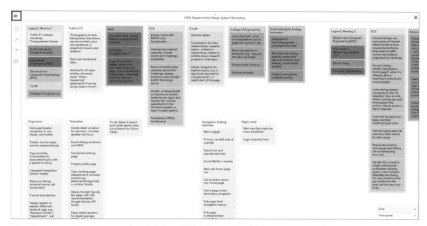

図4.3 リモートミーティングはデジタル機器を使って目に見えるかたちで記録することができる。これは、オンラインでホワイトボードを共有するためのソフトウェアBoardthingがミーティングでリアルタイムに使用されている例。

ンタイプのツールやタブレットで描ける人もいれば、描けない人もいるだろう。ウェブカメラが使えるのなら、常に全員に太線、黒のマーカー、紙または3×5インチのカードを用いてそれぞれの場所でスケッチさせることができる。カードはバタバタ動かさずにカメラに向かって提示できるので使いやすい。ビデオの接続がどんなに悪くても、白を背景とした黒い太線のスケッチならたいていはっきり映るだろう。

話し合いのパターンの ファシリテーション

　ミーティングは、何について意思決定しなければならないかを特定し、出席者が協力してそれを実現できる場でなければならない。サム・カナーとその共著者は『Facilitator's Guide to Participatory Decision-Making (参加型意思決定のためのファシリテーター・ガイド)』のなかで、グループがどのように意思決定するかを考えるのに有益なパターンを提

案した。パターンには、グループが時間をかけて検討するアイデアの数の増減が示されている[*3]。本題から外れたアイデアのなかから出席者が最も建設的なものを見きわめるのを、ファシリテーターがどうサポートするかを考えるのにもってこいだ。

時間をムダにせずに議論の脱線をうまく活用するためには、2通りの考え方が必要だ。1つ目は発散思考で、ミーティング中に検討するアイデアの数を増やして多様性を広げることをいう。次が収束思考で、これは数を減らして質の高いアイデアを残すことである。マネジメントがミーティングに出席する場合、図4.4のようになるだろう。

発散思考によって議論を進め、収束思考によって結論を出すパターンは、脱線を乗り切るのに有効だ。話が横道にそれればイライラするかもしれないが、意義ある脱線はミーティングがもたらす最高の成果の1つだ。まったく新しいアイデアは多様なオプションと経験から生まれる。脱線はそうしたアイデアを得る方法なのだ。優れたアイデアばかりでは

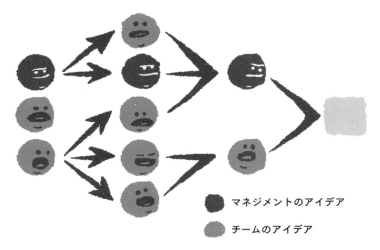

図4.4 ディスカッションで脱線によりアイデアが広がり、その後絞り込まれていく、発散思考と収束思考の流れ。

[*3] Sam Kaner, Lenny Lind, Catherine Toldi, Sarah Fisk, and Duane Berger, The Facilitator's Guide to Participatory Decision-Making (San Francisco: John Wiley & Sons, 2007)

ないだろうが、なかには1人で作業していては思いつかない、きらりと光るアイデアがあるかもしれない。

脱線をファシリテートする方法

　優秀なファシリテーターは、テーマに関係のないアイデアの優劣を判断し、適切に処理する。ディスカッションを注意深く観察し、提示されたアイデアの数をおおまかに数え、それらの質を評価し、次に進むべきタイミングを決める。ファシリテーターはミーティングのなかで、本筋からそれた議論からアイデアが生まれるよう促し、そのアイデアを新たな方向性や決断に変えるべきポイントを明言し、出席者が方向転換するのに力を貸す。

　発散思考をファシリテートするときは、心を広く持つよう人々に念を押そう。発散思考のアクティビティは、リスト作成、制限のないディスカッション、意見の収集などだ。発散思考の段階では意思決定を保留するよう出席者に伝えるのもファシリテーターの役目である。彼らがとまどっても意見の対立が解決されないままでも大丈夫。矛盾するアイデアが出るかもしれないが、アイデアの数は多ければ多いほどいい。わかりきったアイデアは簡単にすませて、もう少しよく検討する必要のあるアイデアに移ろう。

　どこかの時点でファシリテーターは方向転換し、収束に焦点を移さなければならない。脱線から生まれたどのアイデアが秀でているかを出席者が決める力になるのがファシリテーターの仕事だ。発散思考では意見の不一致があってかまわないのに対し、収束思考では余計なアイデア、つまりうまくいく可能性が最も低いアイデアを排除する。議論を尽くしたと思ったら、出席者が各アプローチの本質をまとめ、維持する価値のあるアイデアは何か、それにもとづいてどう行動すべきかの判断を後押しする。

発散と収束のパターンをアジェンダに組み入れる

　ファシリテーターは、発散活動に始まり収束活動に終わるアジェンダ

を作成しなければならない。発散活動しかしないミーティングは、昔からよくある不毛なブレインストーミングと同じだ。できそうなことのリストは、ミーティングが終わるまでに出席者がなぜそれをする必要があるかを説明できなければ作る意味はない。

　ブレインストーミングを時間のムダと批判する人は多い[*4]。アイデアのリストを作るだけで実行可能な選択肢にまで練り上げることをしない会議は、議論が発散するばかりで収束せず、何の役にも立たないのだ。

　最初に収束思考をするものよくない。収束思考で始めると、期待されるような新しい提案が出にくくなる。はじめから「オプションを排除する」のが目標だと明示するのは不満のもとだ。よさそうなアイデアをじっくり検討する機会がないからだ。新しいアイデアを提案する余地がないとなれば、人は関心を示さず、ノートパソコンやスマートフォンをいじり始める。会議で誰も話を聞いていないという批判を耳にするが、無関心はディスカッションのパターンの使い方が間違っていることの表れかもしれない。

　発散と収束のパターンを使ってプロセスや能力や期待についての意見の衝突を表面化させるのも、効果的なファシリテーションの最大の成果の１つだ。それは問題の核心に迫る直行ルートなのだ。ファシリテーターは相反する意見に光を当て、全員に明確なかたちで示すことができる。緊張するが同時にやりがいも大きい。その緊張の原因はときに変化に対するおそれかもしれない。また、おそれは不安を引き起こす。まるで、既存の枠組みにとらわれない考えをしろと言われたのに、それを実践するやたちまちチームや上層部の抵抗を受けるようなものだ。サラ・B・ネルソンが、ファシリテーションによってそうした不安をよりよい成果につなげるにはどうすればいいかを教えてくれる。

[*4]　Tomas Chamorro-Premuzic, "Why Group Brainstorming Is a Waste of Time," Harvard Business Review, March 2015, https://hbr.org/2015/03/why-group-brainstorming-is-a-waste-of-time

革新的な考え方と変化をおそれる自然な気持ちの葛藤に、どう対処するか？

サラ・B・ネルソン
IBM デジタル・スタジオ・マネージャー、
Radically Human 創業者

サラ・B・ネルソンは、クリエイティブ部門のリーダーが高い成果をあげるチームを作り、チームがすばらしいプロダクトやサービスのデザインに注力できるように手を貸している。不満だらけの共同作業者の集まりを、クリエイティブな同僚グループに変えるのを最も得意としている。今後の目標は、再現可能な質の高い協力の秘密を解き明かすことだ。

　画期的な新しいアイデアを出せと声高に主張しておきながら、結局どんなアイデアも認めないステークホルダー。どこかで聞いた話ではないだろうか。そういうときに遭遇するのが、創造性バイアスだ。ミューラー、メルワーニ、ゴンサーロは創造性バイアスを発見したとき、新しいアイデアを拒否するのは無意識の行為だと知った[*5]。目新しいものに出会うと、生き延びるために備わっている強力なアラームが鳴る。斬新なアイデアは変化を暗示し、変化はリスクを暗示する。リスクとはすなわち、群れからの追放、避けられない飢え、差し迫る死を意味する。大げさ

[*5] Jennifer S. Mueller, Shimul Melwani, and Jack A. Goncalo, "The Bias Against Creativity: Why People Desire but Reject Creative Ideas," *Psychological Science* 2010, http://digitalcommons.ilr.cornell.edu/cgi/viewcontent.cgi?article=1457&context=articles

に聞こえる？　そうだろうか。

　人間は、自分の身体的健康と社会的幸福を守るよう生理的に組み込まれている。一度アラームが鳴ったら、意識は変化の発生を妨げる論理的な根拠を確立するようになる。不安が引き起こす複雑な心理を理解すれば、ミーティング・ファシリテーターは生じうるどんな結果にも計画を立て、対応し、態勢を立て直すことができるだろう。いや、それをはるかに超えて、不安がきわめてクリエイティブな成果をもたらす環境を意図的に作り出すことだってできる。

不安に慣れる

　創造性と不安には密接な関係がある。現状に満足していれば、チームは十分な努力をしないかもしれない。不安があるから、より画期的なソリューションを生み出そう、あるいはそれまで表面化していなかった問題に対処しようという気になる。不安をかきわけ進み、未踏の領域に足を踏み込んで、最初は無理だと思われた機会を切り開くこともできる。ファシリテーターとしての長年の経験が私に大事なことを教えてくれた。チームに不安を感じさせる前に、不安と自分自身の関係を明確にする必要がある。かつて私は、自分自身と他の人を不安から守るのが自分の務めだと信じていた。不安が意見の相違を招き、意見の相違が対立を招き、対立が失敗を招くと思っていたのだ。

　さまざまな取り組みを重ねた結果、私は不安が持つパワーを受け入れた。目の前にあるちょっとした不安がやがて大きな利益をもたらす。ミーティングのファシリテーターを務める人は、不安との関係を理解する必要がある。不安を感じたときどうなるかに注意を払おう。自分は何を考え、どんな行動をとり、何を言い、どう感じるか。不安との関係は人それぞれ。ミーティングでクリエイティブな不安を楽しめる人もいれば、そうでない人もいるだろう。ファシリテーターは、目標とする成果を見失うことなく、そうした姿勢で対応する必要がある。

そこかしこにある不安を見つける

　人々が抱えている不安や居心地の悪さ、とまどいを見つけるには、自分の感覚を総動員しなければならない。人はいろいろなヒントを出して今の不安レベルを伝えている。電話を確認する、黙り込む、アイデアをこきおろす、ジョークを言い始めるなど、あからさまなものもあれば微かなものもある。

　不安との関係と、それがミーティングの場面でどんなかたちで表れるかを把握しておけば、イライラしがちなセッションを通して部屋にいるたくさんの人々を導く準備は万端だ。

不安にうまく対処する

　ファシリテーターの役目は、プロセスを通じて人々をリードし、落とし穴を避けるのに力を貸し、ミーティングの成果を達成することだ。不安が豊かな実を実らせるのに役立つシンプルな2つのステップを紹介しよう。

1. 人々のなかの不安を感じとり、それを切り抜けるために自分が先頭に立っていいか彼らに許可をもらう。「このプロセスでは強制されているような気分になるかもしれません。不安にもなるでしょう。でも、クリエイティブなプロセスでは、それはまったくよくあることです。そうなったら私にお任せください。よろしいですか？」などと言おう。こうしたちょっとした行動が人々の気持ちを楽にし、ファシリテーションに対する信頼を確立する。あなたはこれから何が起きるかを示し、それがどういうものかを説明し、サポートを約束したのだ。

2. 居心地悪そうに座ったままもぞもぞ動き出す。部屋が突如として静まり返る。誰もが戸惑っている。言い争いが始まりそう。そん

なときはあなたの出番だ。「すばらしい！　みなさん、ご気分はいかがですか？　何となく不安な気持ちでしょうか？」などと言おう。しぶしぶうなずくのを待って、さらに「完璧です！　それでいいのです。ではこれを乗り越えるために何をしなければならないでしょう？」とたずねる。こんなシンプルなことばで、たいていの人々は落ち着きを取り戻す。うまくいかなければ、休憩をとろう。

あえて不安にさせる

　次に目指すのは、意図的に不安を植えつけることだ。人々にコンフォートゾーンを超える準備をさせておけば、簡単にできる。セッションの前（場合によっては最中）に、みながあえて避けている問題を特定する。扱いにくい話題、暗黙のタブー、誰も聞かない質問などだ。それから、それらを提起するクリエイティブな方法を探ろう。

　ただ気まずい話題を指摘するだけで十分なケースもある。私はシリコンバレーのある有名企業でプロセス再設計ワークショップのファシリテーターをしたことがある。その企業の自慢はコンセンサス主導のフラットな組織だ。その一方でチームのストレスのもとは、ことあるごとに意見をさし挟み、コンセンサス主導のプロセスを混乱させ、大きな成果をあげる能力を台なしにする１人の強烈なエグゼクティブだった。事前のインタビューでは、チームメンバーそれぞれが同じ不満を口にしていた。ところが、ワークショップが始まったとたん、その不満はないことになった。誰１人、エグゼクティブの行為を話題にしないのだ。このままでは彼に対処する建設的な方法を考え出すことはできない。

　私はキャスターつきの椅子をつかんだ。付箋にエグゼクティブの名前を書いて椅子に貼り、部屋の中央に押しやった。椅子を指さして「このトピックはみなさんが今デザインしているプロセスにどのような影響を与えますか？」とたずねると、しーんと静まり返った。気まずくなかっ

たか？　もちろん気まずかった。さらにたたみかけたか？　そこまでにしておいた。その話題を持ち出し、クリエイティブなやり方でアプローチできるようにするには、その行動だけで十分だとわかっていたからだ。
　ファシリテーターが人々に不安な気持ちを今すぐ克服するよう強制してはいけないときがある。しかし、種を植えて、ミーティングが終わってからも長いあいだ花を咲かせることはできる。

覚えておこう

　ファシリテーターがいれば、ミーティングで起きる意見の対立を見きわめて、切り抜けるのがずっと容易になる。だから最初のステップとして、どのミーティングにおいてもファシリテーションを担当する人を必ず指名するようにしよう。そしてファシリテーターは以下を実行する。

- 偏見のないファシリテーションをする。成果に確固たる意見を持っている人は、ディスカッションのファシリテーターを務めてはいけない。

- 各ミーティングで、主要なコンセプトを記録し、書き留め、スケッチをする担当者を指名して、ディスカッションをサポートするビジュアルフィードバックループを作る。

　また、上層部の意見を反映させた、または上層部が承認した明確なミーティングの目標をファシリテーターに伝え、サポートしなければならない。

　ファシリテーターを指名し、その役割の範囲を定めておけば、ファシリテーターは議論のパターンに沿って出席者を導くことができる。話が本題から外れて広がっていくのを注意深く見守り、しかるべきタイミングでそれが収束するよう力を貸すのが最も効果的な方法だ。ファシリテーターはミーティングのよりよい意思決定をサポートするために次のことをする必要がある。

- 発散思考（いろいろなアイデアを出す）と収束思考（アイデアを絞り込む）のどちらも実行する。

- 発散でアジェンダを進め、収束によりまとめる。

- 発散、収束のいずれか1つのパターンだけに従った話し合いは避ける。発散だけのミーティングは意味のないブレインストーミングだ。収束だけのミーティングは優れた新しいソリューションを考える機

会を奪う。

⑤ ファシリテーションの戦略とスタイル

　アミラはコンテンツ・ストラテジスト。発表するコンテンツを通じて企業がブランドを明確に打ち出すのに力を貸すのが専門だ。簡単にまとめると、アミラはそのプロセスを2つのステップで実行する。まず、顧客からどのように受け取られているか、つまり彼女のことばを借りるなら、クライアントの「現在のブランド」をじっくり検討させる。それから、その企業が顧客認識に刻み込みたいブランドの理想の姿を決めてもらう。そのためにクライアントとワークショップをおこなうのだが、彼女はいつも居心地の悪さを感じていた。その気まずさは必要なものではあるものの、ファシリテーション戦略とスタイルを工夫すればもっとうまく対処することができる。
　あるワークショップでアミラは、よく知られた雑誌の現在のブランドと理想像をテーマとしたディスカッションのファシリテーターを務めた。その会社は、雑誌出版社から、アクセスが容易でタイムリーなコンテンツをスマホやタブレットなどのデバイスに提供する先進的なデジタル企業へとイメージを一新したいと考えていた。それは昔も今も苦境にあえ

ぐ多くの出版社に共通の難しい課題だ。

　アミラが設定した会議の目標はシンプルだった。それは、顧客が抱いているブランド認識を説明する柱と呼ばれる4つのフレーズを明確にして、意見を一致させることだ[*1]。会議には各雑誌の経験豊富な編集部員やベテラン編集者、編集長が出席して目標の達成を目指した。

　「人々は（ブランドとしての）我々をどう見ているか？」。このような、社員にとっても上層部にとっても個人の本音に迫る質問をすれば必ず意見がぶつかる。そう思ったアミラはまず厳しい現実に出席者を直面させた。「貴社がデジタル市場で影響力を発揮できなかったのはなぜでしょうか？」

　すると編集部員の何人かが即座に反論した。パイロット企画やレシピアプリのいくつかはそこそこうまくいったと言うのだ。だがその意見は明らかに、ベテラン編集者が示した会議の目標とまるで相容れない。ベテラン編集者らはデジタル市場への参入に会社が成功したとは思っていなかった。彼らにとってそれはあくまでも実験にすぎなかったのだ。そこから議論が始まり、アミラは全力でファシリテーションにあたった。

　表情やボディランゲージからは、出席者が困っているのが見てとれた。何とかするために、それぞれの懸念を全員で共有させることにした。深く考えもせず、アミラは懸命に作成したアジェンダ通りに進行するためにチェックインをあきらめた。

　険悪な雰囲気のまま1時間がすぎ、目標としていた4つの現在のブランド・ピラーズのうち2つについての合意は得られたものの、ブランドの理想像に関しては何ひとつまとまらなかった。厄介なトピックを扱うワークショップはたちまち手に負えなくなる。アミラのそれまでのどのクライアントにも、鏡に映る現実の姿が気に入らないせいで生じる似たような確執はあった。ところがそのワークショップでは、アミラは自分のファシリテーション戦略とスタイルをうまく適応させることができな

[*1] Based on the "Identity Pillars" exercise by AhavaLeibtag, Ahava Leibtag, The Digital Crown: Winning at Content on the Web (Boston: Morgan Kaufmann, 2013)

かった。ファシリテーションは繊細なスキルだ。優秀なファシリテーターはその場の空気をつかみ、状況に合わせて調整する能力を持っている。

第4章でファシリテーターの役割、ファシリテーションをサポートする環境、ファシリテーションを成功させるのに役立つ議論のパターンについて述べた。しかし、ファシリテーションのアプローチはファシリテーターが求める成果と、その成果を必要としている人々（と組織）にぴったり合うよう手直ししないといけない。カスタマイズの方法は次の2つ。戦略的な質問の組み立てとスタイルの微調整だ。

適切な質問をする

ファシリテーションの成功の基盤は適切な質問だ。うまく作られタイミングよく発せられる質問は、手詰まりになった議論に可能性を見出し、意見が一致している問題を別の枠組みでとらえ直す。失敗を招くのはいつも、ファシリテーターの質問の投げかけ方のほうだ。

指名されたファシリテーターによるものかどうかを問わず、ミーティングでなされる質問にはたいてい含意がある。そうした質問を、エドガー・シャインの「謙虚な問いかけ」（このあとすぐ説明しよう）をもじって「尊大な問いかけ」と呼びたい。尊大な問いかけとは、たずねる側がすでに答えを用意してある質問のこと。ソリューションがあるのをわかっていて、人々に正しい方向をさりげなく（そうでない場合もあるが）指し示すための質問だ。この手の質問は、前提を確認する、または前提をもとに議論を展開させるためだけに発せられる。

偏見のないミーティングにするには、ファシリテーター自身の偏見を排除しなければならない。先入観のある質問はファシリテーション・プロセスへの信頼を損なう。出席者はこう思うはずだ。「もう原因がわかっているのに、私の答えに何か意味などあるのだろうか？」。ミーティングが始まる前から答えをたくさん用意してある人は、ファシリテーター

が決まっていないミーティングでその役をしている可能性も高い。その人は最終的に「ミーティングは有益だったと」判断する。ミーティングが自分の思い描いた通りの「正しい成果」を生み出すからだ。

> ミーティングを主導する人は建設的なミーティングだったと思いたがる。
> ミーティングに招集された人は何も得るものがなかったと考えがちだ。
>
> ——エリス・キース（Lucid Meetings 共同創業者）

それはほんとうのファシリテーションではない。そうした傾向を正すのに役立つのが、ファシリテーションのための質問をエドガー・シャインの文化リサーチの手法に従って作成することだ。「謙虚な問いかけ」[*2]と呼ばれるその方法は、組織が自らに備わっていると信じる文化（方針として掲げられている文化）と、実際に職場で機能している文化（文化の実態）の違いを調査するためのもの。なかにはミーティングの場面で使えるように容易に手直しできる質問のアプローチもある。具体的な情報を引き出すための質問のカテゴリーは、感情、動機、行動、システムの4つだ。

感情を明らかにする質問

人が何かに強い感情を抱いているときは、正面からぶつかればいい。特定の感情に対応して得るものがあるかどうかを判断するのはファシリテーターの役目だ。質問を工夫すれば、出席者の感情を引き出し、ミーティングの成果に影響を受ける人の気持ちを探ることができる。

- 第1四半期が赤字と知ったとき、みなさんはどう思いましたか？
- 私たちのアプリ／ウェブサイトを初めて開くとき、ターゲット・オーディエンスはどう思うでしょう？

[*2] 『問いかける技術——確かな人間関係と優れた組織をつくる』エドガー・シャイン著、原賀真紀子訳、英治出版、2014年

- あなたがもし、不当な要求をしているサプライチェーンの問題を解決できたら、どう感じるでしょうか？

動機を明らかにする質問

　あまりに話が脱線しすぎると懸念される場合に、その議論を続ける価値があるか判断するのに役立つのが動機に関する質問だ。このタイプの質問によって、期待される、つまり望ましい成果、想定される外部要因、個人の行動規範がわかるが、すべてを全員で共有する必要はないだろう。動機を掘り下げれば、それがより適切な意思決定に必要なトピックかどうかが明らかになる。

- 部の予算が削減されたとき、どうなればいいと思っていましたか？
- 新規申込者を25％増やしたら、どうなると思いましたか？
- こうしたクリエイティブな指示をすることによって何を目指していましたか？

行動を明らかにする質問

　人の話は、詳細が不明なこともあれば逆に説明が細かすぎることもある。意図している行動に関する質問は、どこまで詳しい話を聞けばいいかを知る手がかりになる。チーム（またはメンバー）がどんな行動を起こそうとしているかたずねれば、その行動をミーティングでどの程度まで詳しく掘り下げればいいかがわかるはずだ。

　トピックがサービスの申し込みや支払いなどの複雑なプロセスなら、行動について詳細な質問をすること。ある事業部門の今後の健全性予測といったざっくりしたテーマなら、細かい話は減らして、より迅速に次のステップに進めるような質問をしよう。

- おもしろいコンテンツにするために、何をしますか？

- この戦略を実行するにあたってとるべき最初のステップは何ですか？
- 我々のプロダクトを使わずにこの問題を解決するのに、オーディエンスは何をしますか？

システムを明らかにする質問

　行動に関する質問がプロセスのステップを特定するのに役立つのに対し、システムに関する質問は、プロセスまたはシステムの変更が成果にどのような影響を与えうるかを特定するのに役立つ。そうした質問は各要因の相互依存性（インターディペンデンシー）に焦点を当てる。また、問題についての見解がきわめて異なる人々を円滑に合意させるのにも有効だ。システムについて効果的な質問をするには、「わかりました。では、次のステップは何でしょう？」「AはBにどう影響しますか？」などとたずねるといいだろう。

- このアプリケーションにまつわる6つのユーザー・ストーリーをうまく特定できたら、機能の優先順位はどのような方法で決めますか？
- このスプリント〔アジャイルソフトウェア開発手法の1つであるスクラム開発の単位。開発を進める一定の時間枠のこと〕で目標を達成できなければ、次のスプリントは中止になりますか？
- 私たちの方向性に影響を及ぼしかねない、経営陣の懸念は何ですか？

質問の設計をファシリテーションに活かす

　4つのカテゴリー全部を網羅するような質問を作ろうとしてはいけない。まず、ミーティングで目指す成果を決めよう。次に、それらの成果の達成に役立つと思う質問を書き出してみる。形式は問わない。そうすれば、あなたのファシリテーションに内在する尊大な問いかけの傾向があぶり出される。それが明らかになったら、質問から憶測を排除しよう。さらに手を加えて、4つのカテゴリー（感情を浮かび上がらせる、動機を突き止める、望ましい行動を明確にする、複雑なやりとりの段取りを決

める)のうちどれか1つにフォーカスした質問を作る。

　ミーティングでアミラがたずねた質問の設計にはいくつか問題があった。第1に、彼女の質問は尊大な問いかけ以外の何ものでもない。第2に、もっと戦略的な質問をするチャンスが何度もあったのに、それを逃した。その1つが、出席者がブランドの現状と理想像についてどう思っているかを判断しようとしたとき。テンポよく話を進め、感情を引き出す質問をすれば、アミラは目標を達成することができたはずだ。

- ［感情］読者は今この雑誌についてどう思っていますか？
  アミラは一語または短いフレーズで回答するよう依頼してもよかった。答えが出揃ったら、出席者の意見を検討し、第4章「ファシリテーションによって意見の対立を乗り切る」で説明した発散と収束のディスカッション・パターンに従って、優先順位を決めることができただろう。
- ［行動］貴社のブランドについて考えるとき、人々にどのような行動を望みますか？

　加えて、質問は人々が自分自身の行動パターンをより強く意識する一助になる。1日程度のワークショップでは、出席者全員の人となりを何から何まで理解することは期待できない。(アミラのように)アジェンダに固執するあまり相手を見下すような態度をとるのではなく、的確な質問で議論の空気を変え、ありがちなパターンを打破しよう。首尾よくやるには練習あるのみ。以下のような質問がいいだろう。

- ［動機］他の人があなたが期待した行動をとると考える理由を、個人的な経験から説明してもらえますか？
- ［システム、「仕事のやり方が違うから、それはできない」という意見に対して］読者に望む行動がもたらす影響のうち、仕事のやり方を左右するものは何ですか？

うまく設計された質問は効果的なファシリテーションの支えになる。そうした質問をディスカッションで活用できるかどうかは、個人のファシリテーションスタイルの影響を大いに受ける。あなたは口数が多く挑戦的か、それとももの静かで辛抱強いか。ファシリテーションにはファシリテーター個人のスタイルが反映される。同時に、個人のスタイルを個々の対立や組織の文化に適応させる必要もあるかもしれない。

ファシリテーションスタイル

　ファシリテーションとは、バランスをとることだ。そのためには、出席者の関心と能力に対する共感を示しつつ、おもしろそうだが得るもののない議論をさせないようにしなければならない。バランスを維持するのに必要な取り組みや注力は、あなたがどんな人間で、ファシリテーターを務める会議のトピックが何で、出席者がどういう人たちかによってさまざまだ。台本通りか臨機応変か、ビジュアルかことばか、余白を作る（スペース・メイキング）か余白を埋める（スペース・フィリング）か。これら3つの側面から、自分自身（または他の誰か）のファシリテーションスタイルを正しく認識しよう。あるスタイルがミーティングに適しているか、それとも別のスタイルが必要かを判断するうえでも役立つだろう。

台本通りか臨機応変か

　あなたは、アジェンダを細かく作成し、各トピックに何分費やすかをあらかじめ決めておくだろうか。ディスカッション・ガイドを事前に配布するだろうか。答えが「はい」なら、そのファシリテーションはきっと台本通りのスタイルに近い。筋書きのあるファシリテーションは、目的のないのらりくらりとしたミーティングばかりを繰り返している組織にぴったりだ。きっちり定められたディスカッション・ガイドの明瞭さが新鮮に映り、歓迎されるだろう。

一方で、台本頼みのファシリテーターは柔軟性に欠けるとか、最悪の場合信用できないという印象を与えるおそれがある。台本は助けにはなるが、それなしではミーティングのかじ取りもおぼつかないなどと思われてはかなわない。嘘っぽいと受け取られれば、よい成果をあげるのではなく、計画通りに進めたいだけなのだと決めつけられるだろう。そんなふうに見られていると感じたら、もっと臨機応変なファシリテーションを目指すべきだ（図5.1）。

図5.1　ファシリテーションスタイルの比較

　優秀な臨機応変型ファシリテーターは、出し抜けに強烈な質問をして人々を驚かせることができるし、まるでアクティビティの戦略を無限に持っているかのようだ。臨機応変なファシリテーションは出席者の関与と注力が求められるし、難しく思われがちだ。だがうまく作用すれば、予期せぬ方法で出席者をまとめる効果がある。

　臨機応変タイプのファシリテーターは、準備をしていないように見えるかもしれないが、彼らはたとえて言うならジャズミュージシャンのようなもの。ジャズミュージシャンはいかにも思いつくままに演奏しているようで、その実その演奏は日頃の練習と長いあいだに積み重ねた見事なアイデアと戦術のたまものだ。優れた臨機応変型ファシリテーターは、自由に使える会話のヒント集を用意している。彼らはまた、出席者に対する深い共感を伝える。だから、いきなり議論をやめて詳細な分析に入っても、出席者はその場の空気に合わせたのだと受け止める。

　話をしているその場でフィードバックが得られれば、臨機応変ファシリテーターは成長する。そうしたフィードバックは次の質問やステッ

プを予測するのに好都合だ。一方で、苦労するのは出席者の意見がはっきりしないときや事前に作成したアジェンダにこだわるときだ。出席者が自分の予想していたトピックを手放す心づもりも意思もない場合でも、頼れる基本の台本を用意しておけばミーティングのかじ取りができなくなることはないだろう。

　本章の冒頭で紹介したミーティングは、もっと臨機応変に対応していればうまくいったかもしれない。アミラのアジェンダは筋書きがきっちりと決まっていた。台本通りのスタイルだったのだから、不測の事態を予期した質問をいくつか盛り込んだ、頼みの綱の台本を作っておきさえすれば、ディスカッションが硬直状態になったときに助けになったはずだ。緊急用の台本を作るには、まず失敗する可能性のあることを全部書き出す。それから最悪のケースそれぞれについて、ディスカッションのための質問を1つか2つ考える。

　臨機応変な計画を立てて、必要に応じてその場の流れを受け入れよう。台本はリアルタイムでイテレーションしながら作っていくものと考えるのだ。「この質問やアクティビティがうまくいかなかったら、どう調整しようか？」 いつでもそういう構えでいること。

　台本通りと臨機応変のあいだをとって、枝分かれ型アジェンダを作ってもいい。枝分かれ型アジェンダは、想定される議論の道筋をざっと説明した3つか4つのステップで構成される。『きみならどうする？』シリーズ〔米国で1979年から1998年までに出版された子ども向けゲームブックの先駆け。各パラグラフで、物語をどう進めるかについての選択肢が示される。選択によって物語の展開は変わり、たどりつく結末も異なる〕と同じで、道を選んだらあと戻りしてはいけない（図5.2）。枝分かれ型アジェンダは臨機応変スタイルに適応できる出席者に適している。わかりきったことにかかずらうことなく新しいアイデアに集中するのに効果的だ。

ビジュアルかことばか

　理解を明確にするために絵を描くことはあるだろうか。「はい」と答えた人はグラフィック・ファシリテーション・スタイルになじみがあるの

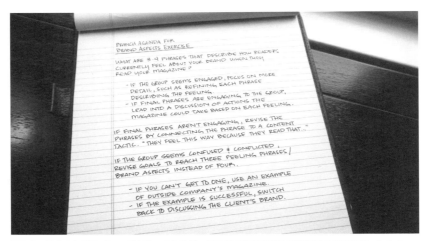

図5.2 枝分かれ型アジェンダを作っておけば、アミラの臨機応変な選択を導くのに役立ったろう。

で、優秀なビジュアル・ファシリテーターになれるかもしれない。ビジュアル・ファシリテーターは、議論の内容をスケッチで提示し、そのスケッチをもとに議論のフィードバックループを確立してから先に進めていく。彼らは第2章「ミーティングにおけるデザイン上の制約」で説明した視覚に関与する脳領域をうまく活用する。視覚化によりディスカッションの明瞭性は高まり、わかりきったことに時間をかけずに問題のより深い理解を目指すことができる。さらに、ディスカッションマップにもなるので、あとから過去のアイデアを吟味する必要があればそれを参照できる。

　グラフィック・スタイルは、経験がない組織には「なれなれしい」印象を与えるおそれがある。それを防ぐには、ビジュアル・ファシリテーターは会話を始める最初のアプローチに台本を取り入れてもいい。時間を省くために、サニー・ブラウンのように事前に設定したビジュアル言語[*3]をもとに、またはデビッド・シベットが開発したような特定のフレーム

[*3] "The visual alphabet" from Sunni Brown, "The Miseducation of the Doodle," A List Apart, no. 322 (January 25, 2001), http://alistapart.com/article/the-miseducation-of-the-doodle

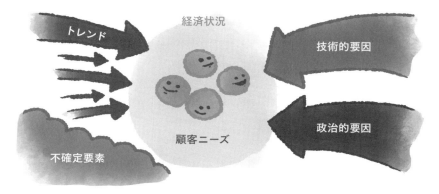

図5.3 コンテクストマップはビジュアル・ファシリテーション・フレームワークのよい例。出典：デビッド・シベット（グローブ・コンサルタンツ・インターナショナル創業者）

ワーク／マップ[*4]に従ってイラストを描くこともできる。「コンテクストマップ」は、書き込むことができる議論のビジュアルマップの一例だ。これらのビジュアル言語やフレームワークは議論を制限するものではないが、目の前で展開されている議論にふさわしいマップを組み合わせるには十分な判断力が求められる（図5.3）。

　ビジュアル思考の能力や経験は出席者によってさまざまで、そこが難しいところだ。そうしたばらつきに対処するには、グラフィックについて検討するペースを調整する必要があるだろう。部屋の大きさやかたちも難題だ。全員にあなたの描いたものが見えるとは限らない。立ち上がって部屋を歩き回れば問題は解決するかもしれないが、それではグラフィック・スタイルにとって最大の制約を引き起こしてしまう。このスタイルは、全員が同一レベルのグラフィック能力を持っていることを前提とする。グラフィックは確実なコミュニケーション方法ではあるものの、もともと万人向けではない。だからこそ、ビジュアルとスピーキング、両方のスタイルのバランスをとらなければならないのだ（図5.4）。

[*4] 『ビジュアル・ミーティング』デビッド・シベット 著、株式会社トライローグ 訳、朝日新聞出版、2013年、およびグローブ・コンサルタンツ・インターナショナル社ウェブサイト（https://grovetools-inc.com/collections/context-map, https://grovetools-inc.com/collections/graphic-gameplan）より

図5.4 2つのファシリテーションスタイルの比較（ビジュアルとスピーキング）

　話をするファシリテーションスタイルはごく一般的なので、ミーティングはたいていこの方法に従って進められるものと思われている。優れたスピーキング・ファシリテーションは、人々の発言だけでなく、声のトーンやボディランゲージに反映されたことば以外の意味も織り交ぜて、意味を積み上げていく。議論しながら人々に自分の考えがよく理解されたと感じさせるのが得意な人は、スピーキング・スタイルを取り入れるのがいいだろう。その源は、生まれながらに備わっている共感力だ。共感は、人々のことばから生じるさまざまな思考（と感情）の流れに対処するのに役立つ。また、アイデアの点と点を線でつなぐのにも一役買う。たとえすべての人たちがそうしたつながりを理解していない場合でも。

　スピーキング・ファシリテーションには、ビジュアル・ファシリテーション同様おのずと限界がある。第２章でも触れたが、視覚化は異なる理解を引き出したり、理解を深めたりするきっかけになる。その可能性を無視するなんてもったいない。話し合いにはくたくたになるほどの集中力が求められる。ある程度の時間なら充実した議論が次々に生まれる場合もある。ただし、話をする時間が長すぎると、静かにじっくりとふり返る機会を逃してしまう。自分にとって最も効果的なのはどのスタイルかを考えたら、得意なスタイルをメインに、比較的うまくできるスタイルをサブとして使おう。

　スピーキング・ファシリテーションに偏っているという自覚があるなら、チャンスを見つけてシンプルな図を描くようにしよう。図5.5の「グラフィック・ゲームプラン」のようなプロセスの流れは、ビジュアル・スタイルをスピーキングに組み込む方法の一例だ。

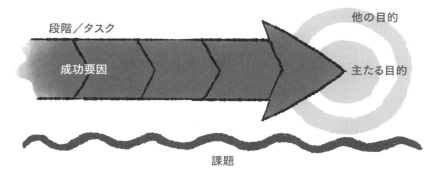

図5.5 アクションプランにもとづくビジュアルプロセスフローのアプローチである「グラフィック・ゲームプラン」。出典：デビッド・シベット（グローブ・コンサルタンツ・インターナショナル創業者）

　ビジュアル・ファシリテーションのほうが得意なら、自分の描くグラフィックを1つのストーリーを物語るイメージの一部と考えよう。スケッチには初期の状態（ミーティング前）、活動状態（ミーティング中）、そしてその後の状態（ミーティング後）がある。描き始める前、途中、そして完成後が、質問を投げかけてディスカッションを促す絶好のタイミングだ。途中のポイントはいくつもあるだろうが、ミーティングという1冊の本に含まれる章ととらえればいい。各章には必ずタイトルをつけて、口頭でそれを伝えてから次のスケッチに移ること。

　ビジュアル・ファシリテーターのいるミーティングに出席したことがない人は、ちょっと試してみてはどうだろう。かなりの集中力が求められるし、自信をなくしてしまうかもしれない。だが、ビジュアル・ファシリテーションはたとえばザッポス、ディズニー、TEDといった企業に測りしれない価値をもたらしている。ビジュアル・ノートテイキングやビジュアル・ファシリテーションをどう始めたらいいかわからない人のために、一流のビジュアル・ファシリテーターであるケイト・ラターが、意義あるミーティング作りに効果的な方法にどうやってたどりついたかを通して、その術を教えてくれる。

どうすればビジュアル・ファシリテーションを始められる？

ケイト・ラター
Intelleto創業者、ストラテジック・スケッチャー

ケイトは、ビジュアル思考、グラフィックレコーディング／ファシリテーション、スケッチノーティング、スケッチ指導のエキスパート。これらのスキルすべてを自ら立ち上げたIntelletoで実践している。以前はTradecraftでUX集中学習プログラムのリーダーを務め、LUXrを共同で創業したほか、Adaptive Pathの最初のエクスペリエンス・デザイナーの1人として勤務していた。

　キャリアのかなり初期の頃、私はある非営利団体のテクノロジー・ディレクターだった。職務の1つとして、私はビジョンとミッションを再び活性化させる取り組みを主導するエグゼクティブ戦略チームに属していた。チームは、デビッド・シベット率いるファシリテーション集団、ザ・グローブ・コンサルタンツ・インターナショナルを招聘した。そのとき一緒に仕事をすることになったのが、あるビジュアル・ファシリテーターだった。私はその仕事を離れたのでプロセスが実を結んだかどうかをこの目で確かめることはできなかったが、複雑で抽象的なアイデアを視覚的に明確に提示することが、ディスカッション中にチームが互いを心から理解し、行動につながるディスカッションをする土台だということを学んだ。

それまでもずっと、図や落書きや観察にもとづくスケッチなど、アイデアの視覚化に取り組んでいた。けれども視覚化が、力を合わせて骨の折れる仕事に取り組む人たちのために使われるのを見たことはなかったので、とにかく大発見の連続だった。

　それから10年後、私はユーザーエクスペリエンス・デザインのコンサルタント会社Adaptive Pathで働いていた。デジタルプロダクトデザインのあらゆる作業はラップトップを使っておこなわれた。製品インターフェイスについてのアイデアを頭から取り出して、かたちにできるコンセプトに落とし込むための手段として、私たちはほとんどいつもPhotoshopやKeynoteといったデジタルツールを利用していた。

　企業がデジタルプロダクトについてより戦略的な判断をするようになるのに伴い、私たちの作業もより戦略的になったものの、PCやアプリを使わずにアイデアを共有する方法を持ち合わせていなかった。視覚に訴えるものを提示することはできたが、抽象的な議論をもっとたくさん交わすにはどうすればいいかわからなかったのだ。ビジュアル・ファシリテーションを実践することなく、込み入った情報をたくさん扱おうとしては途中で失敗していた。

　そこで私たちは、ビジュアル・ディスカッションのための簡単かつ具体的なツールを開発した。2007年には、クライアントグループとの作業に、ペン、白い紙、付箋を使うようになった。こうした共創（コ・クリエーション）のアプローチが私たちの仕事の基礎になり、大きなセールスポイントになった。なぜなら雇う側がそれを求めていたからだ。クライアントは、他の多くのコンサルティング会社がやり方さえ知らない方法で自分たちのアイデアを聞いてもらうことができる。

　考えられる未来の姿を見せることができるシンプルなグラフィックは、このうえなく有効かつ印象的で、パワポや話しことばやデータの視覚化（図5.6）などのツールをはるかにしのぐ。たくさんのことばを拾ってイラストに落とし込むのは、複雑なものごとの理解を助けるのに時間効率的によい方法だし、ミーティングという時間が最も重要な場面では

5　ファシリテーションの戦略とスタイル　　125

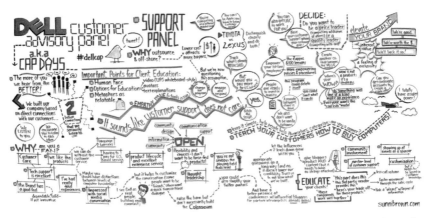

図5.6 ややこしいミーティングにおけるビジュアル・ファシリテーションの成果（サニー・ブラウン）

特に好都合だ。

なぜビジュアル・ファシリテーションは効果的なのか

　ミーティングでビジュアル・ファシリテーションが効果を発揮する理由は3つ。第1に、私たちの脳は空間情報に高度に最適化されている。たとえば、子どもの頃の家の玄関の前に立っていると想像し、フォークがどこにしまってあるかを指し示してみよう。年齢に関係なく、誰もが正しい方向を指さすことができるだろう。私たちは昔から、空間の把握と記憶を助ける、並はずれて強力な脳のシステムを持っているのだ。

　長い説明文やことばだけのディスカッションにそうした力はない。それらはコミュニケーションの連続ではあるが、空間的ではないのだ。何かを次々に読んだり聞いたりする必要がないとき、空間思考は脳のその能力を活用して全体像をとらえるのを助ける。

　第2に、話すことや書くことによるコミュニケーションには、緻密で多岐にわたる情報がたっぷり盛り込まれている。アイデアを視覚化するより他ない場合は、そうした細部の多くは排除される。重要なメッセージとそれらがなぜ重要なのかに的を絞らなくてはならない。似たよう

な要素にはどんなものがあるか。どんな点が同じで、どれをいちばん優先すべきか。主要なアイデアを視覚化するには、アイデアの統合と分析が必須だ。その結果、画期的なアイデアが次々湧き上がってくる。何から何まで書き留める時間はないのだ。

最後に、人は手描きの視覚描写に魅かれる。『描いて売り込め！ 超ビジュアルシンキング』の著者であるダン・ロームは言う。「絵が人間的であればあるほど、返ってくる反応も人間的なものになる」。忠実度(フィデリティ)が高く正確で非の打ちどころのないグラフィックを見せられたら、さすがプロの技だなあと思うだけだ。一方で、人々がどんな状況にあり、その周りで何が起きているか、人の顔にはどんな感情が表れているかをさっと手描きしたスケッチをちょっとレイアウトしたものなら、とっつきやすい。自分に関係ないとは思わない。

なぜビジュアル・ファシリテーションは（まだ）浸透していないのか

グラフィックを活用したアイデアのコミュニケーションやディスカッションは、感情面できわめて複雑なワーキングスタイルだ。ビジュアル・ファシリテーションに二の足を踏む企業が多い理由もそこにあるのかもしれない。従業員のあいだに暗黙の社会契約があり、それが互いに人間らしくいることを認めないなら、そうしたスタイルはミーティングでうまく機能しないだろう。残念ながら、ミーティングは最も人間らしさが感じられない仕事環境の1つになりかねないのだ。

ビジュアル・ファシリテーションを強制すれば、人々は無力感を覚えてしまう。ミーティングにおける理解の違いはそこから生じる。人間性豊かなミーティングにしたければ、人間的なテクニックを使うことだ。未来像を描くことは最も根本的に人間らしいテクニックの1つである。

5 ファシリテーションの戦略とスタイル

グラフィックとスピーキング、2つのスタイルを併用していれば、当然のなりゆきとして意見の衝突が発生したときでも、アミラはブランドについてのワークショップのペースを落とすことができたはずだ。両スタイルをミックスしたよい例が、『ゲームストーミング―会議、チーム、プロジェクトを成功へと導く87のゲーム』*5で紹介されている「カバーストーリー」と呼ばれるアクティビティだ。詳細は同著を読んでいただくとして、全般的なアプローチを説明しよう。まずアミラは、ミーティングの最初に時間をとって、成功とはどんなものかをクライアントが発行している人気雑誌の表紙のかたちで視覚的に説明する。表紙に載せる記事の見出しはどうするか、何の写真を使おうか。ステークホルダーのブランド要素を使ってスケッチとして成功を表現することで、ブランドアイデンティティ作業を上層部が求める成果と関連づけることができただろう。

余白を作る（スペース・メーキング）か
余白を埋める（スペース・フィリング）か

　スタイルの最後の側面は、割り当てられた時間にどれくらいの内容を盛り込むかに関連する。あなたは議論の中断をよしとするほうだろうか。「はい」と答えた人はスペース・メーカーだ。スペース・メーカーは、議論は独り歩きするものだとわかっているので、自然な方向に話が進んでもいいように余白（スペース）を作る。具体的には、それまでの内容をふり返る時間を人に与える。数分間のインターバルを規則的に設けて出席者に熟考してもらい、短時間の休憩を入れて提示されたメモを確認してもらう。さらに全員が集まって前に検討したアイデアに戻る時間を組み込む。

　スペース・メーキング・スタイルによるファシリテーションがおこなわれると、密度は濃くないが生産的な議論になる。スペース・メーキングは、新しいオプションの開発など、何かをさらに深めることが目標の場合に

---

*5　『ゲームストーミング ―会議、チーム、プロジェクトを成功へと導く87のゲーム』デイブ・グレイ、サニー・ブラウン、ジェームズ・マカヌフォ 著、武舎広幸、武舎るみ 訳、オライリー・ジャパン、2011年

最適だ。また、ある決定事項の長所と短所など、完璧なリストを作るのにも向いている。

スペース・メーカーは、声に出して考える、つまり話をしながらアイデアをまとめていく人々への対処はうまくないだろう。出席者のなかにそういう人がいると、彼らのペースが伝染してスペースが埋まっていき、ディスカッションのリズムを支配してしまう。強烈な人物のせいでミーティングが手に負えなくなっていくケースもあるかもしれない。そんなときが、スペース・フィリング・スタイルにギアチェンジするよいタイミングだ（図5.7）。

図5.7　ファシリテーションスタイルの比較（スペース・フィリングとスペース・メーキング）

スペース・フィラーは、中断が長すぎると落ち着かなくなる。長い沈黙は問題の前兆のように思えてしまうのだ。彼らはたくさん話すことで出席者を集中させようとするので、不意の脱線やムダ話に対する寛容さはあまり持ち合わせていないかもしれない。議論の密度は濃く、1つのトピックが終わればすぐに次のトピックに移る。スペース・フィリング・ファシリテーションは詳細な議論をし、アイデアを磨き上げて、全員がそれを明確に理解することを目指す。優先順位づけや意思決定にうってつけのスタイルだ。

ミーティングの最初に目標や重要なコンセプトについての見解が十分に統一されていないと、スペース・フィリングは失敗する。同じコンセプトの下で作業をしているのでなければ、理解の違いを把握するのになおさら時間がかかる。意見をすり合わせるためのスペースを作る必要があるのだが、あなたがもし生まれながらのスペース・フィラーなら、意

識して立ち止まり、あえて口を閉ざさなければならないだろう。出席者に反応する時間をもっと与えれば、議論がいちばんありきたりな答えにたどりついて終わりになることはないし、たとえば2つ目の答えや続きの議論がより興味深く魅力的なスペースにつながる可能性だってある。居心地の悪い沈黙のすぐ先に、もっとよいものがあるかもしれない。その沈黙を切り抜けるためのスペースを作らなくてはならない。

アミラのケースでは、人々の反応に対する彼女自身の不快感が、対立する意見を掘り下げるためのスペースを作る彼女の能力の邪魔をした。質問設計のまずさにもそれは見てとれる。否定されたとき、彼女は自ら話し続けずに、システムに関する質問をして意見の衝突を紐解くべきだったのだ。

「デジタル分野での試みはすべて成功するのでしょうか？ それともこれは例外なのでしょうか？」

この質問なら、ブランドの現状についての出席者全員の見解を統一できたはずだ。

自分のファシリテーションスタイルを認識し、必要に応じて上にあげた3つの面からそれを調整することによって、ディスカッションの難所を乗り越えないといけない。対立して互いに譲らない人たちを相手にするとき、スペース・フィラーはスペースを作って相違点を明らかにする必要があるだろう。苦境に入り込んで出口が見えなければ、しゃべるのをやめてイラストを描き始めよう。臨機応変型の人は、万が一に備えて非常用台本の作成を検討するといい。必要なのに台本がないと気づくより、用意しておいた台本をあえて使わず柔軟にやろうと決めるほうが楽だ。

どんなスタイルに頼ろうと、ファシリテーターとして場数を踏めば、自分の長所と短所がはっきりわかってくる。大半の組織には、ミーティングをファシリテートする機会は十分にある。ファシリテーション能力とは何かを定めておけば、組織に合ったファシリテーションスタイルをかたちにすることができる。ゼネラル・エレクトリック（GE）のデジタルチームのデザイナーであるサマンサ・ソーマは、複数のデザインチーム

のためにファシリテーション能力を明確にした。彼女のやり方を紹介しよう。

ファシリテーターの能力の構築

　サマンサ・ソーマはGEデジタルでデザイン・ファシリテーションを実践し、自分の多様なバックグラウンドを対立の解決、仲裁、コミュニティ開発、チーム構築、デザイン思考に活かしている。そうしたバックグラウンドの多様性が、機能横断型チームが問題をとらえ、関わる人々を理解し、問題を解決するための方法を見つける力になっているのだ。
　組織再編の一環でサマンサはデザイン・ファシリテーションに専念するポジションについた。再編プロセスのなかでデザインセンターが設けられ、顧客および企業とミーティングを開いて彼らのデザインの問題を把握し、プロジェクト計画を立て、問題の解決策を検討するという明確な目的が掲げられた。彼らは会社の核となるデザイン能力の一部として、センターにとってのファシリテーター能力とは何かを定めた。

ファシリテーターの能力とは何か？

　その能力とは次の2つだ。まず、ミーティングを成功させるための材料を集める能力。たとえば会社の情報、問題の背景、現時点での解決策など、基本的には問題を解決する前に知っておきたいすべての情報が含まれる。次が、デザイナーが解決すべき問題を理解するのに役立つ情報を浮かび上がらせるのに必要な活動は何かを判断する能力。たとえば上層部のステークホルダーとのミーティングなら、より戦略的な情報を明らかにする活動を実行しなければならない。発電所を運営する人たちとのミーティングなら必要な活動はまた違ってくる。引き出さなければならない情報が根本的に異なるからだ。
　要求に応じて活動のツールキットを作ることもその能力の一部だ。

ファシリテーターには、出席する必要のあるメンバーを明確にし、幅広いアジェンダに対処し、権限や影響力のレベルの違いを理解することが期待される。要するに、ほんとうのところ問題には何が必要なのかをふまえて、さまざまな出席者の寄与に優先順位をつけて対応できなければならない。ときに問題にとって必要なものと出席者が望むものは同じではないからだ。

　影響力の違いをうまくさばくのは難しいので、準備も必須能力の1つなのだが、これをサマンサは「ミーティング前のミーティング」と呼ぶ。スムーズなデザイン・ファシリテーションに必要な準備作業をする時間や余裕や能力のある人はごくまれだ。いかにも計画的というのでなく自然な感じでミーティングを成功させるには、相当な準備がいる。目指すは、準備されたと感じさせないくらいに入念な準備だ。

　たとえば、出席者それぞれに異なる色のペンを渡し、あとで誰が何を書いたかわかるようにするといい。必ず、スキル、影響力、そして相性のバランスがとれた少人数のワーキング・グループを作るようにしよう。決め手になるかもしれないデザイン上の意思決定をするために、あなたは多くの時間とリソースをミーティングに投じることになる。

能力と対立

　サマンサはファシリテーターに、意見の対立は起きるに任せなさいとはっきり言う。キックオフ・ミーティング〔プロジェクト等の開始時に顔合わせや説明などのためにおこなわれるミーティング〕や問題が何かを把握するためのミーティングでは、対立はクリエイティブな葛藤を探る手段だ。そこで突き止めておかなければ、対立はあとから姿を現す。そのほうがダメージははるかに大きい。

　出席者には自分の考えを述べていいと明言し、ファシリテーターはプロとしてすべての人が安全に意見の違いを掘り下げられるよう努めなければならない。他の人がみな節度ある行動をとれば、人はそれにならう。たとえ意見の対立が許されていたとしてもだ。反対意見が生まれる余白を作ったらミーティングは失敗しそうな気がするが、見解の相

違があっても、共通の目標を持つ効果的なチームにするという、より大きな目標に変わりはない。対立についてよく考えれば、共通の目標の邪魔になるあらゆる要因が白日の下にさらされる。何を排除しなくてはならないかが明らかになるのだ。

　これを実践するために、「パーキングロット」〔議論のなかで話題にあげられたが本来のテーマとは無関係なものを、ホワイトボードなどを使ってあとで話し合えるようにわかりやすく記録しておくスペースのこと〕を見直すように指導されているデザイナーもいる。パーキングロットには、ディスカッションでは重要とみなされたものの実は関連のない、本筋から外れたアイデアが山ほど記録されている。デザイナーはミーティングが終わるまでに必ずパーキングロットにある各アイテムに対処し、それに関連した計画を立てる。

　これらのミーティングの多くはジャック・ウェルチのミーティングの「ワークアウト」アプローチをモデルにしている[*6]。ワークアウト・ミーティングでは、ミーティング中にしなければならない意思決定を実行する権限を全員が持っている（そしてその権限を行使するよう期待されている）。それはステータス・ミーティング〔進捗状況や現状を把握するために定期的に実施されるミーティング〕ではない。ディスカッションでもない。問題の提示に始まり、計画が完成して終わる。対立をうまくコントロールすることができなければ、こうしたタイプのミーティングを実行するのは不可能だろう。

[*6] Noel Tichy and Ram Charan, "Speed, Simplicity, Self-Confidence: An Interview with Jack Welch," Harvard Business Review, September-October 1989, https://hbr.org/1989/09/speed-simplicity-self-confidence-an-interview-with-jack-welch

覚えておこう

　問題の把握やディスカッションのために的確な質問を作ることには多くのメリットがある。ファシリテーターへの信頼を確立し、必要とされる詳細な情報や意見の不一致を明らかにし、議論からファシリテーター自身の思い込みを取り除くことができるのだ。より効果的な質問を作るための３つのステップは以下の通り。

- 成果のリストをもとに、あなたが正しいと思う方向に議論を向かわせる質問を考え、価値を高める脱線を考慮に入れた質問を追加する。

- 質問を手直しして思い込みを排除する。

- さらに磨きをかけて、シャインの「謙虚な問いかけ」のアプローチに従い、感情、動機、行動、システムの４つのカテゴリーに質問を分類する。すべてのミーティングで４つ全部のカテゴリーを網羅する必要はない。これらのカテゴリーはあくまでも、１つの議論の目的と議論がサポートするより大きなプロジェクトの目的の違いを、出席者が理解する助けになるものである。

　正しく設計された質問を武器に、あなた自身、あなたが望む成果、そしてあなたの組織に合ったファシリテーションスタイルを取り入れよう。ファシリテーションスタイルの選択と同時に考えなければならない側面は３つある。

- 台本通りか臨機応変か

- ことばかビジュアルか

- スペース・メーキングかスペース・フィリングか

　これらの側面は、個々のミーティングの文化に合うよう回して調節できるダイヤルのようなもの。それぞれの側面を特定の度合いに設定して

> ミーティングに臨むのは当然だが、異なる問題に対処するにはその設定を変更しなくてはいけないかもしれない。さらに、望ましいスタイルと最強の性質を持つファシリテーターを選ぶ必要もあるだろう。

⑥ よりよいミーティングが よりよい組織を作る

　ブライアンは米国政府のエンジニアリングチームのリーダーで、連邦政府機関のデジタルサービスの向上に尽力している。デジタルサービスとは、ウェブサイトやアプリ、市民が紙の上で情報をやりとりせずにアクセスできる様々なサービスのこと。チームに加わる前、ブライアンはシリコンバレーの大手ソフトウェア会社で開発チームのマネージャーを務めていた。その会社の文化の最大の強みは、問題のソリューションが技術的長所を基準に評価されるところだった。ソフトウェアはきわめて有効に、しかも迅速に機能するものでなければならない。ブライアンの加入によって、高い成果を重視するその方針を、それまで成果にもとづいて評価されたことがない、同じくらい大規模な官僚組織に取り入れられる。連邦政府から見た彼の魅力の1つはそこにあった。
　連邦人事管理局は、連邦政府が雇用するさまざまな人々に関するデータポイントを数多く管理している。ブライアンは、複数のアクセスポイントにまたがる情報を一本化して、職員リストや経歴情報が1つの場所で最新の情報に更新され、必要なときにいつでも複数の機関に提供で

きるよう整備するタスクフォースの一員だった。

　プロジェクトにとって問題になったのが、職員の分類に使われる用語がバラバラだったことだ。まったく同じ職務が、ある連邦機関では「上級司書」と呼ばれ、別の機関では「リード・アーキビスト」〔公文書の収集や分類をおこなう担当者や、公文書館などで調査研究にあたる専門職員のこと〕の名がつけられている。複数の機関にまたがるリストを作りたくても、情報が統一されていないのでかなり難しい。このままでは、含まれるべき人がリストから除外されてしまう。

　チームとその分野のエキスパートを代表し、ブライアンは分類方法について検討するために人事管理局のプロジェクト・スポンサー〔ステークホルダーの一員で、プロジェクト成功の責任の一翼を担う。プロジェクトチームのサポートをするが、経済的な負担は負う場合と負わない場合がある〕に会った。ブライアンがどれほど必要性を主張しても、スポンサーは他の連邦機関に働きかけてシステムの変更を求めることにかたくなに抵抗した。

　「長くここで働いていますが、他の人たちの仕事のやり方を変えるなんてほぼ不可能です。それが優先事項なら、私たちのほうで個別のカテゴリーリストを作り、すべてのバリエーションを関連づけるというとんでもなく厄介な作業を引き受けざるを得なくなりますよ」と言うのだ。

　ブライアンは耳を貸さなかった。自分の提案するアプローチにどんな作業が必要になるかは百も承知だ。前に失敗した経験があるからだ。しかも、情報を常にアップデートし続けるには新たに正規の職員を数名置かないといけないが、そんな予算はない。2つの文化のあいだでブライアンは身動きがとれなくなった。緩慢で時代遅れの官僚文化にあって、彼は持続可能なソリューションを大急ぎで確立したいと思っていた。

2つの文化

　どの組織にも2つの文化がある。1つは、組織が理想とする文化で、

広告や就職面接、ブランディング資料や人事部のオリエンテーションで耳にする。もう1つが、ときとともに変化する、習慣にもとづく文化だ。表に出ないこともあるが、現実にはそれに従ってものごとが動いている。

　ここまで、ミーティングの成果を向上させるためのミーティングデザインについて学んできた。ミーティングによって得られた結果、得られなかった結果はこれら2つの文化を雄弁に物語る。ミーティングで何が起きているかに注意を払い、適切なデザインアプローチを活用してよりよいミーティングにすることで、成功するためには何をする必要があるかを知ることができる。社員に持ってほしいと思う文化に適した環境を作り、文化に変化を起こすことは可能だし、最終的には制作者、マネージャー、あるいはなりたいどんなものにもなれる。ミーティングは自分の職場を理解し、確立し、進化させる助けになる。文化の理想と現実を巧みに調整する効果的な組織には、自分たちの価値を犠牲にすることなく成功を実現し続けると同時に、変化していく能力がある。

ミーティングは新しい文化の理解を助ける

　大学卒業後5年間に転職を繰り返す人の数がこれまでにないほど増えている[*1]。新しい仕事を始めるとき、ミーティングは組織のしくみを知るのにこのうえなく有益だ。デザインリサーチの1つであるユーザビリティテストは、ソフトウェアの機能がどれほど優れているか、ペインポイント〔不満や悩みの種〕はどこかを教えてくれる。ミーティングは、組織にとってのユーザビリティテストだ。必要なコンセプトに慣れ、ソリューションに関連づけるのが容易な環境を作っているだろうか。それ

[*1] Guy Berger, "Will This Year's College Grads Job-Hop More Than Previous Grads?" (Linkedin data analysis, 2016) https://blog.linkedin.com/2016/04/12/will-this-year_s-college-grads-job-hop-more-than-previous-grads

とも、内輪のスラングや形式だけの目的のない集まりのせいで必要な情報が見えなくなっていないだろうか。

アーロン・イリザリーは、ミーティングを新しい組織に慣れるための手段として使うことを身につけた。彼はこれまで数多くの大企業を渡り歩いてきた。社員の数は数千人から数十万人と幅広い。組織が違えば文化も異なる。ミーティングで何がうまくいくかは企業独自の構造や力関係のバランスによって決まる。ある職場でミーティングに出席し指揮をとるスキルを、そのまま次の職場で使うというわけには必ずしもいかないのだ。

アーロンは、デザインチームが持つ政治的影響力のレベルが組織ごとに異なることを知った。社内エージェンシーのようにレビューや承認を組織に求めながら仕事を進めるチームもあれば、事業や製品の戦略的判断に直接的に関わるチームもある。コミュニケーションスタイルはデザインチームが発揮する政治的な影響力の度合いによってさまざまだ。

「新しい仕事に就いたときは、もちろん自分の実力を証明してやろうと思っていました。心のなかで"あーはいはい、そんなこと知っているさ"とつぶやいたものです。私は意識して口を開かず耳を傾けるよう心がけなければなりませんでした。ミーティングはどう進んでいくのだろう。社内のおしゃべりやメールのやりとりなど、簡単なことをどんなやり方でおこなっているのだろう。（ミーティングで）どのように意思の疎通を図っているかをじっくり観察したのです」とアーロンは言う。

> 新しい職場では、最初の数回の定期ミーティングであまり口を開かず、よく観察することに集中しよう。
> ——アーロン・イリザリー
> 　（Capital One エクスペリエンス・インフラストラクチャー 責任者）

新しいポジションについて間もないときは、アーロンはオブザーバーに徹することにしていた。ディスカッションではエグゼクティブやプロダクトマネージャーに注目し、彼らが肯定的な反応を示すのはいつかを

確かめた。発言するようになってからも、観察にもとづいて作った適切なふるまいのリストを常に意識していた。マネージャーでもあったので、新人にはミーティングでわかったことを教えた。自分と同じような変化を経験している部下がいたら働きかけてサポートし、必要があれば「ミーティングコーチ」役を買って出た。組織は進化の歩みを止めなかったので、アーロンも自分を新入社員と考えるのをやめず、ミーティングの観察を続けた。

ミーティングデザインは新しい仕事の成功を後押するはずだ。しかし、何かをデザインするときはまずその制約によく注意を払わなければならない。組織のミーティングにおける行動を観察し、理解し、モデル化し、最後に解明することで、よりよい成果につながる洞察が得られる。ミーティングはまた、コントリビューターとしてのあなたの価値が、発言や態度や行動などから明らかになる場だ。新入社員だろうと新しく担当になったコンサルタントだろうと、ミーティングは何がうまく機能するか、その理由は何かを知る窓口なのだ。いつものミーティングも緊急集会も、組織に根づく習慣や思い込みを明らかにする。そうした習慣や思い込みをうまく扱えれば、ミーティングに変化を起こさなければならないというあなたの主張をわかってもらうのにも有利だ。

> 新しい言語や語彙を教えるよりも、自分が今働いている職場の文化が持つ言語や語彙を取り入れるほうが簡単だ。
>
> ──ダナ・チズネル（Center for Civic Design 共同ディレクター）

章の冒頭で例にあげたブライアンは、成果重視の大きな組織から、厄介に混じり合った基準を重視する別の大きな組織へと移った。そのうえ、仕事柄ブライアンは常に新しい組織に配属されて人々のやり方を知ることが求められた。目標をもっと首尾よく実現させるには、ディスカッションがプロジェクトに対する認識をどう左右するかに注意を払っておくべきだった。うまくいっていることについて、人々はどんな話をしていたか。どうすれば彼はそれらの行動に合わせてプロジェクトミーティング

を設計することができただろうか。

新しい文化の作り方

　既存の大企業が新しい職場とは限らない。できたばかりの新しい組織、たとえばスタートアップで仕事をする場合もある。スタートアップは新しい文化であり、新しい文化はチャンスだ。最初から自分の理想通りのミーティングにすることができるし、うまく回らないミーティングで時間をムダにすることもない。時間がたてばそうしたミーティングもやはりありきたりの習慣と化すのは皮肉だが、だからこそ、最初にできる限り正しい姿に近づけておくのが重要なのだ。

　ミーティングは、再現可能な行動モデルを示す機会だ。ただやれと言うよりも、モデルを見せたほうがチームからより効果的な成果を引き出すことができる。ミーティングでいかにも上司らしくふるまいたいだけなら、自分の好きなようにアジェンダを設定し、自分が期待する成果を出せと迫り、自分の見解に合わせて議論を制限すればいい。だが、それはモデルの提示ではなく強制だ。何かを押しつければ、自らミーティングを引っ張って学習する機会を社員から奪うことになる。

　レスリー・ヤンセン-インマンとジャレド・スプールが共同で新たにデザイン学校を設立したとき、彼らはミーティングを学校の文化を確立する機会ととらえた。2人は学習経験の創出に情熱を抱いていた。初期の頃のディスカッションではいつも互いに共通する価値観をオープンに話し合っていたが、やがて週に一度のそうした価値観の掘り下げが通常業務の1つになった。さらにミーティングによってレスリーは彼らの目標を十分に認識できるようになった。「（私たちの文化が）必要だと思いました。そこで、毎週直属の部下とワン・オン・ワンのミーティングをすることにしたんです。私はすべてのミーティングに参加します。経験したことがないマネージャーの役割をこなさなければならなくなりまし

た」。

　有能なマネージャーになるべく、レスリーはチームにとって最適な文化を構築するにはどうすればいいかを調査した。まずは、日常業務を処理するかたわら、学校らしい雰囲気を活かす最もいい方法に焦点を絞って、できる限り正しい理解をする必要があった。ポジティブで「価値観にふさわしい」行動を明らかにして、それを自分や部下がミーティングにおいてとるべき規範行動とした。「ある大学の元教授が、価値観と文化を規定してしまったら、経営陣を総入れ替えして新しい人材を雇うでもない限り、組織を変えるのは、不可能とは言わないまでも相当難しいと教えてくれたんです」。

　レスリーとジャレッドは、構築したい文化を体現するのはどんなミーティング経験かを特定した。ぜひとも教えたい重要な価値観の1つが、生涯学習だ。レスリーはマネージャーになっていたが、ミーティングでマネジメントすることはほとんどなかった。むしろ、まず部下の話を聞き、言いにくいことも話すよう促し、ミーティングのなかで彼らを成長させた。マネージャーは一般的に議論に境界線を引くものだが、彼女はそれをせず、議論をさらに前進させた。コーチのように。

　やがてレスリーはファシリテーションの責任を毎回異なるスタッフに任せるようになった。「ミーティングをうまく仕切る練習をもっとしたいという人がいれば、その人にファシリテーター役をさせました。ミーティングを巧みにかじ取りするスキルは、学校での仕事に役に立ち、よそに移ってからも武器になる、従業員にとっては市場性のあるスキルなのです」。

　チームに貢献するにはどうすればいいかを学ぶのに、スタッフミーティングは安全な場だ。ファシリテーターの役割を手放し、全員で共有すれば、生涯学習は可能になる。成果を求めるファシリテーションとアジェンダの設計を練習できる、安全で、どちらかと言えば「管理されていない」場所であるほうがミーティングは成功する。レスリーが言うように、「価値観や文化はミーティングのやり方に影響します。と言うよりも、ミーティングは文化そのものです。文化のすべてがそこに反映さ

れているのですから」。

文化を変える

　連邦政府のチームで働くブライアンは、新しい文化を作る、いやたぶんもっと正確には、古い文化を再び活性化させるポジションについた。しかし、文化を変えるのは困難だ。何年もの歴史を持つ定評ある企業の文化を考えてみよう。あなたが対峙することになるのは、生活をその企業に委ねている従業員たちの幸福に対して責任を負っている経営陣だ。政府の場合は、その役割についてあなたがどう感じているかにもよるが、基本的権利を守り、秩序やインフラなどを維持するために組織に依存している市民全員という可能性もある。

　上司がミーティングに出席しているときは、彼らに従いたくなるのは当然だ。特定の誰かが自分の意見に賛成するかどうかに成功がかかっているとしたら、その人が議論に与える影響力を重要視するだろう。時間の経過とともに、それがあたりまえになり、ミーティングの効率やイノベーションが損なわれるおそれがある。だが、最初にミーティングに期待する成果をはっきりさせ、上層部にもそれを理解させておけば、ファシリテーションを通じてミーティングに文化を変える機会が生まれる。

　ファシリテーションが機会をもたらせば、上層部のせいで合意ずみのミーティングの成果が達成できなくなりそうになっても、正面からぶつかることができる。どんな組織でも成熟したファシリテーションが実践されているわけではないが、上層部が行き詰まっている、あるいは本題からそれたと思われる場合でも、ミーティングで文化を変える方法は他にいくらでもある。例をあげるなら、どのようにものごとがおこなわれているかを確認できる予備的な議論の場を定期的に設ける、（コンサルタントなど）外部の第三者の力を借りる、新しいまたは難しい問題に取り組むなどだ。

議論の場で変化の機会を探る

　MailChimpは、メールを使ったマーケティング／アウトリーチのためのソフトウェア企業で、世界各国数百万の組織にサービスを提供している。成長し業績を伸ばす一方で、同社の各部門は成果を評価するアプローチを別々に策定していた。その結果、価値のある情報が個人のスプレッドシートや書類に埋もれて容易にアクセスできなくなってしまった。意図せずに知識を死蔵させていたのだ。そのような障壁をなくして透明性を高めるために、MailChimpは「データおたくランチ（data nerd lunch）」と名づけたランチミーティングを週に1回実施した。

　このミーティングには誰でも出席できる。多くの部門の社員がデータセットを提示してデータの構成を説明し、分析結果をレビューした。情報を共有したあとは、その分析をどうすれば掘り下げることができるかについて、「データ提供者」にフィードバックやガイダンスを与えた。

> 人々は次々に手をあげて、自分にもデータがあると言い始めた。なかには価値のあるデータが含まれているかもしれない。誰もがそのデータ共有の場に貢献したいと思っていた。
>
> ——アーロン・ウォルター
> 　（MailChimp 元UXディレクター）

　ミーティングはMailChimpの部門間の情報の流れを円滑にした。データについてちょっと考察を加え、思い切った質問をすることで、既存のプロジェクトや取り組みの方向性が若干変わり、その影響は新製品の機能にまで及んだ。ランチミーティングで「（何らかのタイプの分析を）確認または実行できたらすごくないですか？」と誰かが言えば、「それは簡単だよ」と他の誰かが答える。そうした分析はすでに実行されていて、結果が別の部門の誰かのコンピュータのなかに閉じ込められているとわかったこともある。

　組織の部門や下位文化は、知識をサイロ化して自らの影響力を高め、予算を増やそうと議論を始めるのが常だ。ところがMailChimpでは逆

のことが起きていた。より多くの知識を共有する部門がより大きな影響力を発揮するようになったのだ。知識を共有するチームや部門は重要な洞察を持っていると受け止められた。アーロン・ウォルターはこの変化をこう表現する。「情報のサイロが穴だらけになった。データを活用して組織のより多くの人たちの役に立つチームが、（そうでないチームより）影響力を高めた」。

変化の扉を開く第三者

　組織は往々にして、目の前にあるミーティングの問題に気づかない。ミーティングは目的をほとんど、いやまったく果たさないいつもの儀式と化す。業績が悪化しない限り、そうした傾向は延々と続くだろう。しかし、プロジェクトに関与する外部の第三者なら、社内のチームが何ひとつ感じとれなくなった問題を見抜くことができる。

　アーロン・パークニングは国際的な建設会社と仕事をしたときにそれを経験した。プロジェクト・ストラテジストとして、アーロンはミーティングにおける自分の役割についてはっきりとした見解を持っている。すべての人が安心して、あるいは必要ならば不安を感じながら、ミーティングの成果に向かって前進するよう気を配ることが彼の仕事だ。アーロンは最初に目指す成果を明言し、あいまいな点があれば即座に対処してから議論に入る。

　アーロンは、クライアントであるマーケティング部と協力してウェブサイトの再設計とコンテンツガバナンスに取り組んだ。アーロンが加わるまでのマーケティング部のミーティングは、アジェンダもなく、遅れて始まり、時間通りに終わったためしがなかった。それは、本章の冒頭で述べたのと同じような自己防衛の理由から、エグゼクティブの気まぐれに合わせようとしていたせいだ。ミーティングが始まると、彼らはいつも上司の口から出る新しいアイデアに即座に反応しようとかまえる。アイデアの有効性などおかまいなし。その結果、ミーティングの計画がきちんと立てられることはなくなった。エグゼクティブの気まぐれに対応できるスペースを残しておくために。

アーロンのミーティングアプローチは、クライアントにとって驚きの新発見だった。話し合いが始まって早々に、シニアステークホルダーがミーティングの成果の説明に反論したときには、アーロンはミーティングを中断し、自分とステークホルダーの見解を対比して、必要ならば「ノー」と言った。「ノー」、いや「とりあえず今は無理です」と言うことすら許されないと感じていたマーケティングチームがそれを目の前で見たとき、その日まで彼らには手も足も出せなかったミーティングの文化が180度変わった。

　アーロンと仕事をするまで、マーケティングチームはもっと大きな文脈でものごとをとらえることをせずに、非構造的なミーティングに時間を費やしていた。「1週間で終わらせます」。上層部に「今すぐに対処すべき問題だ」と言われたら、彼らはそう答える。ところが、仕事に戻っては無理な約束をしてしまったと気づく。毎回それを繰り返していた。しかし今の彼らにはポリシーがある。「ミーティングではいかなる締め切りも約束しない」。タスクを引き受けたら、その重要性をより大がかりな取り組みと比較してから、後日期限を知らせるようにしたのだ。

　彼らの文化にとって、それは小さな、けれども強烈な変化だ。マーケティング部は約束したタスクをより正確に実行できるようになり、評価が高まった。結果として責任が増え、チームは大きくなり、仕事の質が向上した。上層部とのミーティングで「アーロンの精神をチャネリングしている」おかげでもあると彼らは言う。彼らは今でもミーティングの成果を発表することから始め、それを達成するためのアジェンダを作っている。

　ときには、もしやり方を変えたらどうなるか確かめてみるだけでもいい。見方を変えるには、組織がどうやって習慣を積み重ねてきたかを知らない人の目線から見るのがいい。

問題を直視して変化を見つける

　アーロンのクライアントだった建設会社でいつも通りのやり方に異議を唱える人がいなかったのは、業績が健全だったからだ。では、もし事

業が悪化していたらどうする？　あるいは組織が深刻な問題に直面した場合は？　ミーティングでいまいましい問題を直視することは、組織が文化を変革する力になる。

　ジェシー・タガートは、そうした最悪の問題に対する連邦政府の取り組みを後押しすることができた。そのなかでジェシーのチームは政府機関の仕事のやり方を大幅に変更し、時間と経費を節減して顧客体験（カスタマーエクスペリエンス）を向上させた。そのために彼女は適切な関係者を集めてワークショップを開き、問題を視覚化した。

　ジェシーのようなデザインコンサルタントは、よくワークショップでスケッチや付箋を用いて視覚化をおこなう。しかし、デザイン組織やデザインプロジェクトに関わる人たちは別として、そうした作業のやり方は革新的に映る。政府機関でも同じだが、それは文化が説明責任に対する強い不安によって支配されているからだ。結果、彼らはリスクを回避する。プロセスが彼らをがんじがらめにし、彼らは仕事のやり方に疑問を感じることなく、「そこそこ効果的な」ワークフローに従う。そのうち、ワークフローをファシリテートする人はプロセス全体から孤立してサイロ化する。

　ジェシーが仕事をしたある機関は、企業に重い障害を持つ人々の雇用と支援を許可する責任を負っていた。認証プロセスのワークフローに柔軟性が欠けており、各業務を担当するサブグループはプロセス全体の流れを把握することができなかった。そのために業務は停滞し、700を超える数の申請処理が滞っていた。

　ジェシーは３日間のワークショップを計画し、サブグループに属する職員全員を集めた。目指すのは、認証フロー全体を示し、修正を加えたプロセスのプロトタイプを作り、それについて議論することだ。関係の深い業務に携わっていながらそれまで直接顔を合わせたことのなかった公務員たちが１つの部屋に集まった。ソリューションを作るなかで彼らはどんどん活力を取り戻していった。ワークショップの終わりに上層部がその成果を確かめにきたときには、まるで職員が意欲みなぎる新しいチームに生まれ変わったかのようだった。

役所で起きた変化が申請処理の効率をアップさせ、デジタル・セルフサービス・ツールを生み出し、業務の重複を排除した。その後6週間のあいだに、ワークショップで生まれた新しいアイデアとプロセスが実行に移され、700もあった未処理件数が150以下に減り、処理のペースは今も向上し続けている。さらに重要なのは、共同作業をあくまで実験としてやってみるだけでも、仕事の成果が上がる可能性があるのだと彼らが実感したことだ。
　もちろん、ミーティングを正しく設計したからといって毎回文化を修正できるわけではない。問題の整理や、問題の掘り下げを円滑に進められる頭の切れる人材が必要な場合もある。しかしジェシーと彼女のチームは、ミーティングを、深く根づいて引き出すのがとてもたいへんな思い込みを人々がじっくり検討する機会にした。組織を変えるのは難しい。必要だと思われている習慣を一変させなければならないかもしれないからだ。
　そのことを身をもって知っているのが、コンテンツとデザインの新しいアプローチを考えることにかけては一流のカレン・マクグレン。カレンは、ウェブチーム内の変化に対処して、進化を続けるデバイスやテクニックを巡る状況に対応するための方法を、数多くの組織に指導している。

どうすればディスカッションにおいて、人々をものごとの新しいやり方に関心を持たせることができるか？

カレン・マクグレン
Bond Art + Science 業務執行社員
『Content Strategy for Mobile（モバイルのためのコンテンツストラテジー）』『Going Responsive（レスポンシブでいこう）』共著者

カレンはコンテンツ・ストラテジー、情報アーキテクチャ、インタラクション・デザインの世界を楽しんでいる。2006年に自ら設立したUXコンサルティング会社Bond Art + Scienceの業務執行社員であり、かつてはRazorfishで元副社長兼ユーザーエクスペリエンスのナショナルリードを務めていた。また、スクール・オブ・ビジュアルアートのインタラクション・デザインMFAプログラムでデザインマネジメントを教えている。2冊の書籍『Content Strategy for Mobile（モバイルのためのコンテンツストラテジー）』『Going Responsive（レスポンシブでいこう）』がA Book Apart社から出版されている。

　ウェブは変化以外の何ものでもない。毎年、新しいツール、新しいプロセス、ピカピカで新しい最高の必須アイテムが登場する。ウェブデザインチームがなぜ、うまく機能しているものを変えることに抗う（あるいはおそれる）ようになったのか、私にはわかる。
　世のなかではモバイルデバイスが爆発的に普及した。デザインチームはもはや、それまでのやり方でウェブサイトをデザインし、管理することができない。人々がウェブサイトを見るツールが変わったからだ。新

しいスクリーンのサイズ、フォームファクタ〔ハードウェアの形状や大きさや取付位置などを規定した規格〕、スマートフォンやタブレットの能力。これらはウェブチームが経験してきた最大の変化の1つ。ユーザーはこれらの新しいデバイスを全面的に受け入れた。ウェブサイトを作るチームがその動きについていかなければならないのは明白だ。

それなのに……現実はそうではない。初代iPhoneが登場してから10年余りたっても、未だに多くの組織は顧客のニーズを満たすモバイルサイトを持たない。イーサン・マルコッテが初めてレスポンシブウェブデザインの書籍を書いてから7年になるが、大半の組織のサイトがレスポンシブ化されていない。変化を阻むのはタッチスクリーンでもフルードグリッド〔ウェブページの構成要素を任意のグリッドに沿って配置する「グリッドレイアウト」の手法と、ブラウザの横幅が変わってもレイアウトを維持したまま要素のサイズを調整する「リキッドレイアウト」の手法を組み合わせたレイアウト手法のこと〕でもメディアクエリ〔画像解像度、端末の画面サイズ、デバイスの向きなどの閲覧環境の条件に合わせて別々のCSSカスケーディングスタイルシートを適用する技術〕でもない。難しいのは、チームが一丸となって作業方法の改革を目指すよう仕向けることなのだ。

人々を変化に向かわせるタイミング

私はこれまでレスポンシブデザインを目指す多くの企業の相談に乗ってきたが、変更管理はその仕事の大きな割合を占める。経験から私は次のことを学んだ。

- **人々を無能だと感じさせてはいけない。** モバイルデバイスは状況を変え、新たなツールや用語を生み出した。経験豊富なウェブの専門家でさえ、手に負えないと思いがちだ。レベル設定と共通理解の確立に時間をかけ、全員が同程度の基礎的知識を持っていると思い込まないこと。

- **データは魔法のつえではない。** 人々に変化を納得させるのに必要な

ものがデータだけだったら、私はモバイルトラフィックの目を見張るほどの増加を示す図をいくつか提示して、早めのランチをとる。データは議論を活気づかせ、関心を集めることはできるが、変化に対する準備のできていない人を説得するのは無理だ。人の心を魔法のように動かすものでもあるかのようにデータにこだわるチームがいるが、そんなことは起きるわけがない。

- **不安を抱えている人がいるときに意見を通そうとしてはいけない。**
ウェブサイトの大幅な変更はリスクが大きく、人々の仕事の評価が（そして仕事そのものさえも）かかっている。ミーティングでそれを認める人などいないし、みな自分に有利に働く主張や論理で武装する（たとえそれが正しくなくても）。口に出されることのない人々の不安に対処しない限り、そういう議論で理屈で勝とうとしても不可能だ。

- **ペインポイントを修正することで意欲を高める。**最も効果的な変化は、チームが問題を引き起こす要因を明らかにしたときに起こる。それはもしかしたら、あたりまえすぎてどれほど苦痛か気づけなかったことかもしれない。ペインポイントを突き止めてソリューションを提供すれば、確実にやる気を高めることができる。

やり方を変える：レスポンシブデザイン

たとえば、ステークホルダーと進行中の作業を見直すのに頭を悩ませているチームは多い。人々は、Photoshopで完全に画像化されたウェブページのモックアップを確認してから、デザインまたはコンテンツを承認するものだと思っている。それでは効率が悪くミスも起きやすいのだが、チームにはそのやり方が当たり前になっていて、問題だと認識できないのだ。

レスポンシブデザインのプロセスでは、その方法で作業することはで

きない。ただ、デザインチームや開発チームがプロトタイプの制作に移るには、やはり組織の他の部門の同意を得る必要がある。静的カンプ〔デザインカンプ＝レイアウトに具体的な色や画像の指定をした、デザインの完成見本図。モックアップとも呼ばれる〕のレビューには時間がかかるうえに悩みや問題がつきものだ。それを知ったチームは新しい作業方法に移りたいと思っている可能性が高い。

　モバイルがウェブの状況を変えたのは明らかだ。一方、チームが仕事のやり方をどう変えればいいかはそれほど定かでない。組織の動きは遅いけれども、変化は起こせる。ステークホルダーやチームの苦労に対する共感を伝えたら、まさにその悪戦苦闘のさなかにあなたが提案する変化がどんなものかを示せばいい。

文化の最大の長所を増幅させる

　ディスカッションをうまく設計すれば、プロセスや組織にとって変更が必要かもしれないことについて各部門が意思決定するのに役立つ。だが、そうした意思決定が結局間違っていたと判明する場合もある。たとえば事後分析のような終盤のミーティングを正しく実行すれば、ぎくしゃくしたり嫌な思いをしたりすることもなく、プロセスの詳細をふり返ることができる。

　ハンドメイド作品を扱う最大のマーケットプレイスのEtsyは、最終レビューが責任のなすり合いにならないようにするために事後分析のやり方を工夫している。Etsyでは、失敗の責任は人ではなく状況にあると考えられている。この信念は、彼らの言う「公正な文化」の一部だ。ものごとがうまく運ばなかったとき、Etsyではすぐさま責任者を叱責したりせず、失敗につながった思考プロセスを理解しようとする。人はそのとき自分にある知識にもとづいて正しいと判断した行動をとるというのが彼らの考えだ。Etsyでは、失敗は学習プロセスの一環として位置づけられているのだ。

　Etsyの最高情報責任者ジョン・オルズポウは、公正な文化は「安全性と説明責任のバランスをとる」と述べる[*2]。そのため、問題にいちばん近い人々は安心して何が起きたかをありのままに話せる。そして結果としてEtsyはシステム障害の込み入った原因を正しく把握することができる。彼らはそうした事後分析ミーティングを「非の打ちどころがない」と評価し、よく練り上げられた手順に従って失敗に関する議論を進めている。

　非の打ちどころのない事後分析にするためには、次の5つのステップが必要だ。

---

*2　John Allspaw, "Blameless Postmortems and a Just Culture," Etsy, Code as Craft (blog), May 22, 2012,
　　https://codeascraft.com/2012/05/22/blameless-postmortems/

1．関与する当事者全員が、いつどんな行動をとったかを詳細に説明する。
2．それぞれの目で見た結果を全員で共有する。
3．何が期待されていたかについて話し合う。
4．抱いていた思い込みについてふり返る。
5．発生した出来事のタイムラインについての理解を見直す。

　出席者は「罰や報復」をおそれずに細かい説明ができる[*3]。これは、問題の元凶を特定するよりも出来事の詳細を正しく伝えることを重視した方法だ。失敗から学ぶには、その失敗を理解する能力と、システムを修正するには悪い要因を排除してしまえばいいという考えを改めようとする意志の複雑な相互作用が求められる。シドニー・デッカーは、いわゆる腐ったリンゴを取り除きさえすれば組織は向上するはずだという主張を「腐ったリンゴ理論」と呼んでいる[*4]。

　人が間違った選択をするのは必ずしも腐ったリンゴのせいではない。人は思いもかけない失敗もすればムダなリスクも冒すが、失敗にまつわるストーリーはどうすればそれを防ぐことができたかを知るための情報なのだ。仕事を失う心配をせずにミスが起きた理由を考えられれば、組織が今後発生する失敗に打ち勝つための洞察が得られる。

　そのポリシーから、Etsyがミスした人をすぐに排除するよりもプロセスの改善を重視しているのは明らかだ。そしてそれは自らの経験から学んでいける持続可能なチーム作りにつながる。成長の機会をいつでも受け入れる、それこそがまさに理想のチームであり、理想の人なのだ。

[*3] 同上
[*4] 『ヒューマンエラーを理解する：実務者のためのフィールドガイド』シドニー・デッカー著、小松原明哲、十亀洋監訳、海文堂出版、2010年

ミーティングに潜む怒りの感情

　残念ながら、ミーティングで冷静さを失う人もいる。ミーティングで怒りがあらわになると、その後も組織がダメージを受け続けるおそれがある。人間関係にひびが入り、しまいには壊れてしまい、それが職場でも如実に表れるようになるだろう。だが、なぜそんなことが起きるのだろう。脅威を感じると、人は自分が属するグループの成功、つまり生存にとって最善に思われることをしようと、持てるツールを何でも使う。そのツールの1つが怒りだ。怒りが自分に向けられたとき、怒りがそもそも善意から生まれるのだと知っていれば役に立つ。他の人が怒りを抑えられなくても、あなたは冷静さを保てるはずだ。

　正しいことをしていると信じているときでさえ、人は最悪の状態になりかねない。彼らにとって「正しいこと」が、あなたにとっては不適切で、自分勝手で、破壊的に思える可能性もある。難しいかもしれないが、問題があるときのミーティングでは、結論について論じるのでなく、なぜその結論に至ったかを理解するのに時間をかけるようにしよう。そうした心構えがあれば、張りつめた状況で感情的な反応をする自分や他の人を、実に人間らしいと許すことができる。

　第1部「ミーティングデザインの理論と実践」で学んだことを活かせば、習慣的で得るもののない、思いつきのミーティングの問題を打破する助けになるだろう。ミーティングが厄介なものになっても、ミーティングデザインのおかげであなたは冷静さを保ち、論理的な主張をして柔軟なアプローチをとり続けられる。それが機能するのは、ミーティングと組織の文化が切っても切れない関係にあるからだ。だからミーティングは、文化を確立し、理解し、ほめたたえ、必要ならば変更するための強力なツールなのだ。

覚えておこう

　組織のミーティングは、組織の文化を説明し、定義し、変える力を持つ。ミーティングと文化の関係を知れば、さまざまなことを評価し、変化を起こすためのツールとしてミーティングを活用できる。

- ミーティングは、新しく会社に入った人が組織の信じる文化と実際のものごとのやり方との違いを理解する一助になる。

- 組織の価値観を反映する文化を確立する方法として、マネージャーはミーティングで社員に促したい行動を明示することができる。組織におけるステータスに関係なく、誰かにミーティングのファシリテーションを任せて、人々に対する信頼を証明する。ミーティングでは、非難や叱責で威嚇せず、失敗を分析し、思い込みを明らかにし、戦略的思考はたとえそれが間違っていても高く評価する。

- 定期的なミーティングにいつもは一緒に仕事をしない部門の社員を出席させて、共通の目標を目指す、あるいは実践するといった試みをしてみよう。その結果、各部門間のワークフローの断片化によって生じるグループ間の知識障壁がなくなる。

- ミーティングで社内の慣行を変えるには、ときには外部の視点が必要だ。来る日も来る日も同じミーティングをしていると、改善機会に気づくのは難しい。

第2部

デザインされた
ミーティング

ここで取りあげるのは、一般的なミーティングのスターター向けアジェンダだ。ミーティングは仕事のサイクルのどこで開かれるか（プロジェクト／プロセスの開始時、実行中、終了時）によって分類されている。もちろん、仕事をしていれば、会議のたびにきちんとしたアジェンダを作るのが難しい場合もある。私は測定可能な成果を基盤にアジェンダを作り、ミーティングデザインの理論と実践に照らして、ミーティングデザインの制約に合わせてアレンジを加えた。

　ここから先は、この本をレシピではなく基本的な料理の手順を学ぶための本だと思ってほしい。幅広いアジェンダからさまざまな特徴や要素を厳選しているので、いいと思うものを参考にするといい。自分のニーズにおおよそ適したアジェンダを見つけたら、目標やチームの事情に合わせてカスタマイズしよう。そのままで十分なら、最初は記載された指示に従ってファシリテーションをすれば時間の節約になる。どうしても手直しする必要があるときは、あくまでもそのやり方を逸脱しない範囲で自分のファシリテーション戦略とスタイルに集中しよう。

　各章ではだいたいの発生順にミーティングを提示している。だが状況が異なれば、順番を変えたり、特定のミーティングを省略したり、もっと思い切った変更を加えてもいいだろう。

⑦ プロジェクトの第一歩はミーティング

　キックオフミーティングなど、プロジェクトを開始するときに実施するミーティングは、目的を明確にしてデザインすれば成功する。しかし残念なことに、そうしたミーティングには往々にしてプロジェクト計画を補う程度の役割しかない。デザイン会社は、キックオフミーティングを予定に入れた時点でプロジェクトの手付金を確保できる。それなのに、たいていのデザイン会社は初期段階のミーティングをまったく真剣に考えていない。全員が集まって対処すべき問題を検討することくらいできるはずだ。そうだろう？　しかし実際はミーティングの予定を決めるのさえ難しいのだ。

　スケジュールを押さえるだけだって大変なのに、最初のミーティングに失敗すると、そこから軌道修正するのはなおのこと骨が折れる。プロジェクト開始時の会議でじっくり考えておけば、あとから修正する手間も時間も減り、関与する誰にとっても時間とコストの節約になる。さらに、人間関係を築く最初の時点で信頼と仲間意識を確立できれば、予測できない問題が起きたときにも関係を深めるエネルギーになる。

> ミーティングではいつも、まずその目的をはっきり説明する。そうすることで、自分がなぜそこにいるのかわかっていない人に理解を促せる。そして最後には必ず、何かやり残していないかたずねること。見逃してしまった機会や隠された思い込みをあぶり出す時間を作るのだ。
>
> ──カレン・マクグレン（Bond Art + Science業務執行社員、『Content Strategy for Mobile（モバイルのためのコンテンツストラテジー）』『Going Responsive（レスポンシブでいこう）』共著者）

セールスミーティング

　セールスミーティングの雰囲気が、プロダクトやサービスのセールスプロセスの成功を後押しすることもあれば、妨げになることもある。セールスの話がうまくいけば仕事上の人間関係が充実するのに対し、失敗すれば誰かと仕事をする可能性は未来永劫失われてしまう。ミーティングの予定を入れるところまでこぎつけたら、仕事を獲得するチャンスがそこにあるのは間違いない。セールスミーティングはお互いの適合度を測るためにあるのだ。

セールスミーティングの目標

　セールスミーティングはデートのようなもの。その関係が労力に見合うものかを判断するのが双方の狙いだ。相性がよければ、そこにより多くのリソースを投じ、一緒に仕事をする機会を増やし、関係がうまくいく要因を高く評価しようと思うだろう。理想的でないとわかれば、関係を壊さないようにしながら（とんでもなくひどい相手でない限り）、別の機会が得られる可能性を残しておきたいと思うはずだ。セールスミーティングのあいだに、人間関係は顔見知りから候補者に、さらにはセールスの競争入札の落札者へと変化するかもしれない。また、成功すれば次のプロジェクトにつながる可能性もある。

　関係の適合度を判断する目的でデザインされていないと、セールス

ミーティングは失敗する。デートと同じで、がんばりすぎて勇み足になり、たとえばプロジェクトのスケジュールや予算などの詳細な話をいきなりしようとしてもうまくいかない。かみ合わないのは、どこまで複雑な話ができるかわからずに話しているからだ。

セールスミーティングが順調に進んでいるときは、誰もがもっと話し続けたいと思う。次回のミーティングを決めて、早く始めたくてたまらなくなる。双方で実行可能な共通のアイデアをまとめ、そのアイデアの価値についての意見もだいたい一致する。

セールスミーティングの成果測定

セールスミーティングに期待すべき成果は、より深い人間関係だ。これを測定する方法はただひとつ。ミーティング前の人間関係を評価することだ。効果的な測定基準は、折り返しの電話やメールの返信といったシンプルなものや、作業指示書を要求する、手付金の小切手を渡す、業務委託契約書を締結するなどの複雑なものもあるだろう。両者の関係の次のしかるべきステップを的確に示すサインをいくつか想定したうえで、セールスミーティングに臨むようにしよう。

セールスミーティングのサンプルアジェンダ（60分）

　セールスミーティングは、どのサービスまたはプロダクトがどんな規模で販売されるかによって大きく変わるので、自分の仕事のタイプに合わせてアジェンダを手直しする必要があるだろう。だが根本的に、セールスミーティングは常に両当事者間の適性を評価するためにおこなうのであり、アジェンダはその目標に対応した構造になっている。このアジェンダは、販売業者が何らかの準備作業をして問題を事前に明確にしていて、当事者は契約を結びたいと考えていると想定している。

■ イントロダクション（10分）

出席者の各々が名前と組織での役割を述べ、プロジェクトに関する質問を1つ提示する。ホワイトボードか大きなイーゼルを使って、全員が見えるように質問を記録する。

■ ポジショニング・ステートメント（15分）
〔プロダクトやサービスのポジションをわかりやすく表明すること〕

　販売業者は、提案するプロセス、プロダクト、またはソリューションの論理的根拠を簡潔に示す。プロダクトまたはソリューション1つにつきキーポイントは5つまでとし、必要以上に詳しい話はしない。キーポイントは、見込み客が比較するであろう他の選択肢との差異にフォーカスすること。販売業者のポジションの説明は簡単でなくてはいけないが、聞かれたら詳細を話せるよう準備しておくことも必要だ。

■ ポジショニングの考察（15分）

　販売業者は、1つ1つのキーポイントについて検討しながら、フィードバックを求める。話し合いを円滑に進めるには、正しく設計された質問をすることが重要だ。たとえば、

- 「この提案は、貴社の事業について私たちが立てた前提にもとづくものです。前提は正しいでしょうか？」
- 「プロジェクトにとって考えられる最高の成果とはどんなものですか？」
- 「契約終了後のプロセスをご説明ください。このプロジェクトは貴社が特定の問題を解決し、成長し、繁栄するのにどのように役立ちますか？」

■ 関連するプロジェクトまたはポートフォリオのレビュー（10分）

　販売業者は、他のクライアントとの過去の仕事、または提案したソリューションが他の企業でいかに功を奏したかをふり返り、そ

れぞれの事例が現在と将来の見込み客の業務にどう関連するかを説明しなければならない。

- ■ 関連するプロジェクトに関する質問と、
  最初の質問の最終的なレビュー（10分）

　ミーティングの冒頭で提示された質問のいくつかに言及する。直接会って話をする場合、答える質問の数は5、6個までにすること。残りの質問はその場で回答せず、フォローアップのメールで対応すればいい。終了前に、見込み客と販売業者の両方に必要なその他のフォローアップ活動を明確にする。

セールスミーティングでどうすれば誠実でいながら目標を達成できるか？

ギルズ・コルボーン
cxpartnersマネージング・ディレクター

ギルズは書籍『Simple and Usable, Web, Mobile, and Interaction Design（シンプルで使いやすいウェブ、モバイル、インタラクション・デザイン）』の著者で、ユーザー中心のデザインとコラボレーティブな手法に秀でたデジタルコンサルティング会社cxpartnersを立ち上げ、マネージング・ディレクターを務めている。

セールスの会話の問題は、人を説得、いや、操って何かを買わせるのが狙いだと思われていることだ。そんなアプローチは最悪だ。誰かに意に沿わないことをさせようとすれば、あとに残るのは失望と怒り。やがてあなたの評判は地に落ち、心の平和は失われるだろう。

正しいセールスの会話は、問題を抱えている人を助けるためにするものだ。しかし、たとえちゃんとした心構えがあっても、忘れがちなことが3つある。

1. とにかく話を聞く。

最初のステップは、聞くことだ。ほとんどの人が、まずは経歴をひけらかし、自分が大物であるかのように見せ、自分の意見の正当性を主張しなければならないと考えている。そんなふうにプレゼンテーション

を始めていた自分の昔のビデオを見るにつけ、私は恥ずかしさで身の縮む思いがする。どんなによかれと思ってしたことでも、相手からすればパーティーで子どもや車や休日の自慢話をする人につかまってしまうようなものだ。

セールスの会話にとって最も重要なのは、話をしている相手のことを大切に思う気持ちだ。それを表すいちばんいい方法が、相手の話に耳を傾け、質問をし、心から関心を持つことなのだ。

まず、なぜ彼らの状況に関心があるのかを伝えよう（「私はいつも、人々が新しいアプリのデザインにどう取り組んでいるのか知りたいと思っています。常に新しい知識がほしいからです」）。さらに詳細な質問をし、話を聞き続けよう。得られる情報が多いほど、あとから相手の力になれる。

話を聞いているうちに、きっと何が問題なのかがわかってくる。ただし、だからといってその人があなたから購入したがっていると決めつけてはならない。

何年か前に会ったある見込み客は、オンラインショッピングサイトのデザインを変えたのだが、それまでのデザインより購買率が下がるのではないかと思うと話した。それは大問題だと私は思ったが、彼は気にかけていなかった。「市場における成長」が購買率の落ち込みを穴埋めしてくれるだろうと確信していたのだ。それに、彼は新しいデザインの見た目を気に入っていた。より効果的なウェブサイトを作る私の手腕など彼にはいっさい興味がなく、話がそれ以上進まないことは明らかだ。2人にとってそれが最善の結果だった。

2．リソースを投資すべき問題であることを裏づける。

セールスの会話で次にしなければならないのは、問題を解決する価値があるとクライアントを必ず納得させることだ。経験豊富な営業担当者でさえそれを怠る。クライアントにとって価値がまったくないかもしれないソリューションを急ごしらえし、そのあとは必死に説得して買わせようとするのだ。

そうではなく、ペインポイントを見つけたと思ったら、そこをつついてほんとうに痛いかどうか確かめなければならない。「それはどんな結果をもたらしますか？」と聞こう。意地が悪いようだが、手をゆるめてはいけない。さらに、「それはあなたのチームに悪影響を及ぼしますか？」「それはあなたの勤務評定にとって重要ですか？」「そのために他の問題を解決できなくなりませんか？」といった質問をする。あなたの関心は、それがなぜ重要な問題なのか、ソリューションが必要な時間やコストや労力をかけるに値するかを知ることにある。

3．力を貸していいかたずねる。

　それからようやく、次のタスクに移ることができる。手助けをする許可を求めるのだ。とにかく礼儀をわきまえること。まずは（関連のある具体的な話を持ち出して）あなたが相手の話をよく聞いていたことをわかってもらい、続いて（ペインポイントに言及して）問題に解決するだけの価値があるかどうかを見きわめたら、ソリューションを提供していいかたずねよう。ソリューションをシンプルにはっきりと説明すれば、「売り込み」は必要ない。

　言うまでもなく、最適なのがあなたのソリューションとは限らない。たとえば、タクシーで帰宅すればいい人は新しい車を必要としていない。誰かの問題を解決するのに、自分がいちばんふさわしいか、正直に考えてみるようにしよう。自分がベストな選択肢でなくとも、自分のサービスを無理に売るのではなく、役に立つ他の誰かを見つけることができれば、信頼を勝ち取り、より強固な関係を築けるはずだ。

　そのような人間関係を構築するには、会話からプレッシャーをなくさないといけない。セールス機会はこれきりではない。クライアントに会う前にそう自分に言い聞かせよう。この先３、４件のセールスミーティングが控えていることがわかっていれば、人を「セールス機会」として扱うのをやめ、人間として対応するのが容易になる。

ステークホルダー・インタビュー

　プロジェクト・ステークホルダーとは、アイデアを承認または却下する権限を持つ上層部の人たちだ。ステークホルダーにインタビューしてアジェンダを伝えることで、重要な会議の前に相手の期待を定め、考えのギャップを明らかにできる。ステークホルダーのインタビューは通常、プロジェクトの最初にしなければならない。意思決定を担う立場の人たちから見た組織の目標や文化を知らないでおこなうキックオフミーティングは、時間のムダになるリスクがある。ステークホルダーの視点がわかっていれば、できること、しなければならないことに的を絞りやすくなるのだ。

ステークホルダー・インタビューの目標

　すべてのステークホルダー・インタビューの目標は、仕事に関する自分とステークホルダーの理解の整合性を判断することだ。そのためには、たった今顔を合わせたばかりの人とのあいだに高い透明性を確立しなければならず、台本通りの質問をして答えを記録するだけで終わらせてはいけない。対象者とのちょっとした個人的なつながりを見つけて、親しみやすく「堅苦しくない」雰囲気を作ろう。それによって、成果やリスクを彼らがどう考えているかをありのまま引き出すことができる。インタビューの大半は明確で直接的な質問をし、残りの時間でそうした前提を掘り下げるべきだ。組織の文化のどの側面、どんな社内プロセス、チームメンバーの誰に成功を危うくする可能性があるかを必ずたずねること。

ステークホルダー・インタビューの成果測定

　各ステークホルダーとのインタビューを、より大きなミーティングの準備手段とするのは難しいかもしれない。「ミーティング前のミーティング」のような印象を与えるからだ。それに、多忙な人たちのスケジュー

ルを押さえるのも難しいだろう。しかし、ステークホルダーとの会話は選別のためのプロセスだ。1時間のインタビューのなかでどれだけの価値ある情報を手に入れられるかは、そのときによって異なる。プロジェクトの目標を改善するアイデアを3つ、4つしか集められないかもしれない。でも、複数のステークホルダーからそうしたアイデアを集めて最初のプランと比較すれば、必要な情報が数多く得られるだろう。上層部の理解のどこにさまざまな当事者とのギャップやチーム・ビジョンとのずれがあるのかがわかる。これらのミーティングの成功の正しい測定基準は、特定したギャップの数だ。プランの改善にとって、有益なギャップは多いほどいい。

　ただし、ギャップが見つかったとしても、インタビューがそれに対処する最適なタイミングでないことを忘れてはならない。効果的なプロジェクト・キックオフワークショップを確立するには、期待の違いを明らかにする必要がある。インタビューでステークホルダーの不安を和らげようとしてはいけないし、言い争ってもいけない。あなたは相手の話を聞くためにそこにいるのだから。

ステークホルダー・インタビューのサンプルアジェンダ（30〜60分）

■ イントロダクション（最長5分）

　インタビューの目的を明確にする。こちらの目的が、話すことではなく聞くことだと対象者に明言する。内容を記録したければ、実施する国や地域の法律に従って電話か書面で許可を取る（録音許可の必要条件は法律によって異なるため、適用される法律を確認しておくこと）。

■ 質問例（25〜55分）

　以下の質問がプロジェクトの具体的な要件に合っているか必ずチェックする。

- ［組織名］でのあなたの役割を教えてください。
- ［組織名］で取り組んでいる仕事に対するあなたのビジョンを教えてください。
- このプロジェクトによって変わる、組織の最も重要な面は何ですか？
- あなたの目から見て、［プロジェクト名］にとって最も重要なオーディエンスは誰ですか？
- ひとつ選ばなければならないとしたら、プライマリー・オーディエンスは誰だと思いますか？
- ［プロジェクト名］を成功させるために必要な、いちばん重要な情報はどんなものですか？
- 必要なのにまだ手に入れていないのはどんな情報ですか？
- ［プロジェクト名］のためにできる最も重要なこと、つまり講じることができるアクションは何ですか？
- オーディエンスの行動を変えられるかもしれない活動に、年間サイクルまたはビジネスサイクルはありますか？ もしあればそれについて説明してください。そうしたサイクルから外れるのはどのような情報ですか？
- ［組織名］の事業戦略において［プロジェクト名］はどんな役割を果たしますか？
- ［プロジェクト名］を失敗させる要因は何ですか？
- 実行する価値のあるプロジェクトにするために、正しく実行しなくてはならないことを1つあげてください。
- あなたが特定したリスクを私たちが軽減できると仮定して、［プロジェクト名］を大成功に導くものは何ですか？

「クイックオフ」：
迅速なキックオフミーティング

　プロジェクトの初期段階で十分な連携が確立できていれば、その先のプロセスが楽になるのはほぼ確実だ。そういった意味からすると、短時間であわただしくすませるキックオフミーティングは時間のムダになるかもしれない。全員が目標に関する狭い知識にもとづく先入観を持ってミーティングに臨み、全員の考えを混ぜ込んでプロジェクト目標をまとめるという結果になりがちだからだ。そうは言っても誰もが忙しく、それでも限られた時間内に理解を統一させてプロジェクトをスタートさせなければならない。そうした状況にあるときに活用できるミーティングを紹介しよう。

クイックオフの目標

　クイックキックオフミーティングの目標は、共通の前提を確認してプロジェクトのリスクを特定することだ。それ以外、たとえば可能性のあるコンセプトやアプローチの検討をするには1時間以上かかる。ミーティングを始めて、共通の前提の確認が終わらないことがわかった（例：プロジェクトの成果に対する期待がバラバラ）としたら喜ばしい！　1つ目のプロジェクトリスクが見つかったのだ。プロジェクトに関する理解が同じでないかもしれないという事実は、さらに深い議論が必要な証拠だ。だが心配ご無用。それが見つかった唯一のリスクだとしても、ミーティングの目標が達成できたことに変わりはない。

　時間をかけずにキックオフミーティングをうまくやるには、かなり周到な準備が求められる。簡単に記載したプロジェクト全体の成果や詳細なフェーズ／スプリント計画を、少なくともミーティングの2日前までには作成しておかないといけない。このような短時間のミーティングの場合、実験的な脱線や何も得るもののない手に負えないほどの意見の衝突を許すような余地はないからだ。

クイックオフの成果測定

　明確なアクションアイテムとその期限を決めてミーティングを終えられたのなら、目的は果たされた。ミーティングの質を測定する基準は、作成されたアクションアイテムの数と出席者へのアイテムの割り当てだ。アクションアイテムの数が少ないのは、チームがとるべきアクションの前提条件やそれに伴うリスクのすり合わせが十分でなかったせいだ。アクションアイテムを公平に分担しても、するべきことを何も指示されない人がいるなら、出席する必要のない人がいたことになる。

クイックオフのサンプルアジェンダ（60分）

　簡潔なプロジェクトのキックオフミーティングは、すべてのプロジェクト当事者に何が期待されているかをフェーズ／スプリントごとに明確にする。例としてあげるこのアジェンダは、3つのフェーズ／スプリントを想定している。これらのフェーズ／スプリントのどれにも積極的に関与しない人は、ミーティングに出席する理由はない。クイックオフは、チームの団結と透明性を迅速に確立するためにおこなわれる。ふらふらしている時間はないのだ。また、プロジェクトの全体の目的はすでに決定されていることが前提だ。

■ プロジェクト・プロセスの総括（10分）

　プロジェクトの主要な各フェーズの開始と終了を明らかにする。ただしこれらのフェーズはいくつかに分かれている。たとえばフェーズ終了の基準を書類作成（例：提出書類）の完了とする場合、最後の文書がいつ完成し、いつ誰によって承認されるのかをはっきりさせる。アジャイルプロセスなら、各スプリントの目標と目標の達成を明言する責任者は誰かを特定する。

■ プロセスのフェーズ／スプリントのフォーカス（7〜8分）

プロジェクトの最初のフェーズ／スプリントを詳細にレビューし、主要な決定事項と関連する意思決定者を特定する。フェーズに文書またはデザインに関する複数のイテレーションが組み込まれている場合は、各イテレーションの目標と誰が目標達成を明言する権限を持つかについて話し合う。

　各自にフェーズ／スプリントのアクションアイテムが割り当てられているので、さまざまな色の付箋を用いて、出席者に担当のアクションアイテムと自分のイニシャルを記入し、書き込み可能なホワイトボードや壁にテープでとめた紙などに順番に貼ってもらう（図7.1）。十分な色が揃っていれば、出席者1人1人が違う色の付箋を使うと便利だ。

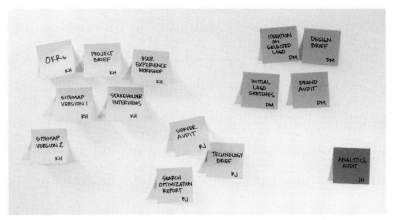

図7.1　全員で協力し、クイックキックオフミーティング（クイックオフ）でプロジェクトを視覚的に提示する。

■ プロセスのフェーズ／スプリントのレビュー（7、8分）

　貼られた付箋について検討し、別の色の付箋を使って追加の質問や依存関係〔ディペンデンシー〕〔何かの実行結果をもとに次の何かを実行しなければならない関係や、あるオブジェクトが別のオブジェクトに依存して動くようにするしくみのこと〕を記録する。明確にしたアクションアイテムそれぞれについて、次

の2つの質問をする。まず「どうやってそれを達成するか？」と聞く。言及された追加のステップについて議論し、記録する。次の質問は「これは先に達成された何かに依存しているか？」だ。答えがイエスなら、ディペンデンシーのある2つのアイテムに線引きをする（図7.2）。

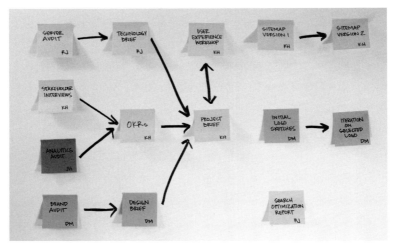

図7.2　ディペンデンシーを明示するには、書き込むことのできるホワイトボードなどを用意しておくといい。

フェーズ／スプリントごとにフォーカスとレビューのステップをおこなう。上の例ではフェーズが2つ追加されているので、合わせてあと30分必要だろう。

写真を撮って（必要ならばパノラマで）最終的なプロセスマップを作成し、全員にそれぞれのアクションアイテムの記録として各自の付箋を壁からはがす（または写真を撮る）よう指示する。プロジェクトプランをまとめた重要な文書（例：好みのプロジェクト管理ソフトに盛り込まれている個人のかんばんボード／カード〔進行中の作業、作業担当者、次に必要な作業、これまでに完了した作業を表示するタスク管理機能〕またはTo-Doリスト）を更新する。図7.3はTrelloを使用した例だ。

図7.3 プロジェクト管理ツール（Trello）で記録したクイックオフミーティングの結果。

ブレインストーミング

　ブレインストーミングの有用性については議論が分かれており、そのやり方もさまざまで、アプローチの厳密さのレベルも異なる。新しい、または優れたアイデアを生み出すには非効率的だという主張には説得力がある[*1]。それでも、ブレインストーミングはミーティングの目的を説明するのに使われるキャッチーな用語であり続けている。ここではブレインストーミングを、数多くのアイデアを創出し、そのなかから成功を導くものを見つける確率を高めるコラボレーティブなプロセスととらえることにしよう。

ブレインストーミングの目標

　ブレインストーミングの目標は、楽しいキャンプ体験のそれと同じだ。キャンパーにはキャンプをする場所についてのシンプルなルールがある。その場所を見つけたときよりもよい状態にして帰ることだ。チームが前よりもよくならないブレインストーミングなど許されない。しかしだからといって、最終的に完璧な１つのアイデアをまとめたいというのも、

---

*1　Rebecca Greenfield,"Brainstorming Doesn't Work; Try This Technique Instead",Fast Company, July 29, 2014,　https://www.fastcompany.com/3033567/agendas/brainstorming-doesnt-work-try-this-technique-instead

7 ｜ プロジェクトの第一歩はミーティング　　**175**

やはり正しい目標ではない。目指すのは、より多くの実行可能なソリューションを見つけることであって、そのどれか1つにこだわることではない。次に使う人のために申し分ないキャンプ場にしようと、キャンプ旅行のはじめから終わりまでずっと掃除をして景観を整えているだけの人なんていないのだから。

ブレインストーミングの成果測定

　ブレインストーミングの成果を測定するには2つの方法がある。最も重要かつわかりやすいのが、収穫できたアイデアの数だ。ただし、ブレインストーミングは集まったアイデアの数を競う場ではない。アイデアの質の評価に取り組まないで終わらせるのは間違いだ。よって2つ目は、各アイデアにシンプルで使いやすい実行可能性の測定基準を当てはめることだ。ブレインストーミングが最も効果的に実施されれば、実行可能なオプションの数は増える。

　解決しようとしている問題についてしっかりした合意があれば、オプションは実行可能だ。効果的なブレインストーミング・セッションにするには、何が問題かについての合意の確立と同時に、その問題の詳細の補足に時間をかけなければならない。ソリューションの議論に終始していると、その実行可能性を疑いはじめる出席者が出る可能性がある。ソリューションの数と質のバランスをとるためのアジェンダを紹介しよう。

> グループでドット投票などを実施するときは、アンバランスな力関係を防ぐため話をするのを禁じること。
> ——ダナ・チズネル（Center for Civic Design 共同ディレクター）

ブレインストーミングのサンプルアジェンダ（10〜60分）

　このサンプルアジェンダは、1960年代に川喜田二郎が開発したグループの優先順位を考えるためのテクニック、KJ法[*2]をベースにしている。これから示す例では、付箋とマーカーを使い記録係を指名せずにグループ記憶を記録する。

　このアジェンダは、ブレインストーミングの対象となるトピックの複雑さに合わせて容易に調整できる。簡単なブレインストーミングなら10分もあれば終えることができるが、さまざまなトピックを扱う場合はもっと時間をかけていいし、かけるべきだ。ファシリテーターを増やせるなら、このアジェンダは大人数のグループでもうまく機能する。出席者6人にファシリテーターが1名いれば十分だ。

■ イントロダクション（最長15分）

　今後のセッションで掘り下げていく、的を絞った疑問またはアイデアを1つ提示する。ディスカッションを通して詳細や曖昧な点をあぶり出し、その疑問によってどんな制約が課されるかについて全員が同じ考えを持てるようにする。誘導的な質問は避けるか、修正すること。たとえば「このソリューションがこの問題に有効でないのはなぜですか？」ではなく、「この問題の解決に有効な方法は何だと思いますか？」と聞くようにする。

■ 創出（5〜10分）

　5分間で自由にアイデアを出し合い、1つのアイデアを1枚の付箋に、大きな文字ではっきりと簡潔な表現で書く。あまり詳細な説明はしないよう出席者に促す。どの程度まで具体的に書けば

[*2] Kai Yang, Voice of the Customer Capture and Analysis (New York: McGraw-Hill Education, 2008)

いいか参考になる適切な模範例を見せる。

　さらに5分使ってすべての付箋を壁の共有スペースに貼る。同じ質問の答えはまとめて近くに貼ろう。あとから動かすので、付箋を見やすく配置しようと気を使わなくても大丈夫（図7.4）。

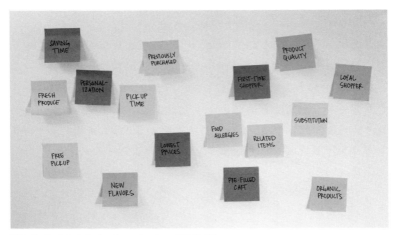

図7.4　KJ法によるブレインストーミング（評価前）

■ 評価（10分）

　5分のあいだに、似たようなアイデアやまったく同じアイデアの付箋を近くに集め、誰かが見たときに類似のアイデアの位置が離れすぎていることのないようにする。アイデアのグループに名前をつけてもいい。グループが複数（たとえば5つ以上）あったり、関係性が曖昧でバラバラにしたほうがいいグループがあったりするときは、名前をつけておくと楽だ。すべての付箋をグループ分けしたら（名前をつけたら）、「ドット投票」などのテクニックを用いて意思決定する。

ドット投票とは何か？

　ドット投票は、話し合いに頼らずに優先度を表明することがで

きる方法だ。まず1人が持てる「投票数」を決める。投票の対象となるアイデアの数にもよるが、3〜5票が適切なところ。それぞれに有望だと思うアイデアにペンで「丸印」を書くか丸型シールを貼ってもらう（図7.5）。複数のアイデアに投票しても、1つのアイデアだけに投票してもいい。長々と議論をすることなく、可能性のあるソリューションの評価を視覚的に表示するのが目的だ。

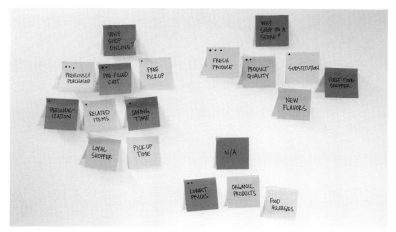

図7.5 KJ法によるブレインストーミング（ドット投票による評価後）

■ ディスカッションと終了（10〜15分、任意）

　プロセスを先に進めたいなら、出席者がどのアイデアをいちばん魅力的と判断したかを見ていこう。ここで、賛成、反対を含めドット投票の結果を全員で議論する。オープンで型にはまらないディスカッションでプレッシャーをなくすのもいい方法だ。1つのソリューションの相対的なメリットを主張するのでなく、説得力に欠けるアイデアを排除することにフォーカスする。これでキャンプ旅行は大成功。スタート時よりも実行可能なアイデアが数多く生まれているだろう。

OKRを活用した戦略ディスカッション

チームはときに、今作っているものに集中しすぎるあまり、それを作っている理由を議論しない（できない）ことがある。プロジェクト開始時に単独でおこなう戦略に関するディスカッションでは、「何」ではなく「なぜ」に注目し、「何」の有効性を測定する方法を確立する。だが、戦略について話すのは骨が折れる。多くの人は完成品や最終状態の観点から戦略を議論する。いちばん難しいのは、戦略と関連する戦術とを分けて考えることだ。たとえばパン作りのプロは、生地に使うお湯の温度を上げたらどうかと考える。これが戦術で、それにより焼いている途中でパンがぺしゃんこにならないのはなぜかという科学的な理由に比べ、コンセプト化や議論が容易なのだ。

OKRとは何か？

戦略についてのディスカッションは、行動と目的をつなぐものでなければならない。行動（すること）と目的（する理由）はどちらも大事だが、ディスカッションや文書で行動と目的を明確に関連づけるのは難しい。それを実現するのが、目標と主な結果のステートメント（Objectives and Key Results statements：OKRs）[3]だ。IntelやGoogleなどの企業はOKRsを作成し、特定の取り組みの結果とより大きな組織目標を連動させて測定している。OKRsは、チームが特定の成果（目標）に注力し、それを優先するのに役立つ。目標の内容は定性的でよく、また野心的な反面曖昧でなければならない。自分自身の思い込みと向き合わざるをえないので、当然ばつの悪い思いをすることもある。目標が決まったらそれに付随する定量的で測定可能な主な結果（3つごとに1つのグループにすることがある）を決める[4]。達成するのはたいへんだが、手が届かないわけではない、というのが望ましい。

---

[3] 『High Output Management』アンドリュー・S・グローブ 著、小林薫 訳、日経BP、2017年

OKRミーティングの目標

戦略に関する効果的なミーティングの第一歩は、目標についての合意の確立だ。すぐに主な結果の議論に入ることはできるだけ避けるか、たまの気分転換とする。人々が主な結果をどれほど重要と考えているかに関係なく、それらはその後のディスカッションのために「パーキングロット」にひとまとめにしておかなければならない（図7.6）。

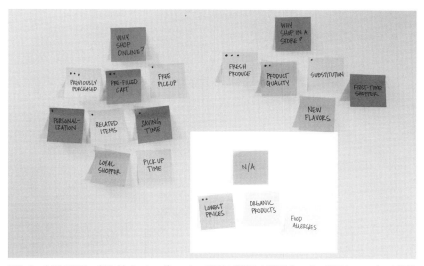

図7.6 右下の明るい部分がパーキングロット。当面の議論には関係ないが、重要なアイデアを記録しておく場所。

OKRミーティングの成果測定

OKRを使って戦略についてのディスカッションをおこなう際は、ミーティングの成果はいかに明瞭な目標を立てたかで測定される。野心的で漠然としたアイデアを話し合っていると、脱線が多くなる。ある時点で

＊4　Christina Wodtke, Radical Focus: Achieving Your Most Important Goals with Objectives and Key Results (Boxes & Arrows, 2016)

7 ｜ プロジェクトの第一歩はミーティング　　**181**

はそれも必要なのだが、ここでは明瞭さを目指してディスカッションを収束させるようなファシリテーションをしなければならない。目標についての話し合いでは、可能性が最も大きいアイデアを絞り込んでいくのがいいディスカッションだ。組織のミッションに沿っていて、実現可能なアイデアに。

OKRミーティングのサンプルアジェンダ（2時間）

■問題の枠組みを示す（20分）

　OKRミーティングの役割は、有効な戦略の策定だ。有効な戦略があれば、問題のソリューションを改善するためにリソース（人材、資金、時間）を最も効果的な方法で活用できる。そもそもOKRミーティングを実施するのは、現在のリソースの使い方に問題があるからだ。ミーティングに先駆けて、ファシリテーターは以下を盛り込んだ問題の背景を十分に説明した文書を作成しておかなくてはならない。

- **現時点の主な結果**：これまでの成果の現時点における測定結果と、それらを容認できない理由
- **リソース**：戦略のサポートに使用されたあらゆるリソース
- **主要な制約**：状況の永続的な要素、すなわち変更することができないもののみ（全部ではなく重要なものに限る）
- **既存の戦略**：それらのリソースと制約それぞれの活用と管理の方法

　この文書で新しい戦略候補に言及してはならない。ミーティングのなかで協力して新たな戦略を確立しなければならないからだ。5分で文書に目を通し、既存の戦略に関する質問を1人3つまで許可する。質問は記録して、ディスカッション中に全員が見て、答えを考える（述べる）ことができるようにする。質問の答えは出

席者たちに任せよう。ファシリテーターを務める場合は、たくさん話してもいいが、自分1人だけがしゃべっているということのないように。

■ すべての制約を記録する（30分）

10分で、出席者に新たな制約（問題に影響を及ぼすすべてのこと）を把握させる。全員が付箋1枚につき制約を1つ、簡潔なフレーズや文章のかたちで、ペンを使って大きく読みやすい字で書く。ここでの狙いは、事前に特定した永続的で顕著な制約以外に存在する可能性のある制約を残らず記録しておくことにある。最初のうちは時間がかかるかもしれない。エンジンをかけるには1つか2つ例を見せる必要があるだろう。

1人があげられる制約の数は5つまでとする。出席者には付箋を壁に貼りながら、その制約をグループ全体にことばで説明するよう指示する。1度に1人ずつ貼らせるようにすれば、同じ制約が貼り出されずにすむ。出席者には重複する制約は必要ないと言っておこう。ただし、もし同じ制約でもバリエーションが異なる場合は、別の角度からの説明になるように書き直してもらう。

すべて出揃ったら、任意でさらに10分使って類似する制約をまとめ、それぞれのまとまりに名前をつけてもいい。すべての制約グループの名前を見やすいように書く。

■ 制約を排除する（30分）

制約グループのそれぞれについて、制約が問題に及ぼす影響を「最小」「顕著」「重大」の3つのレベルに分類する。重大な制約は問題に与える影響が最も大きく、顕著な制約は中程度、最小の制約は最も小さい。出席者からこうした判断を引き出すのに、3色の丸型シールは便利だ（図7.7）。各々、制約の影響をいちばん正確に表すと思う色のシールを付箋に貼ってもらう。

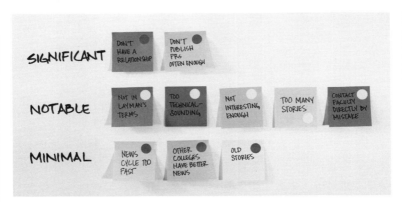

図7.7 制約を「最小（MINIMAL）」「顕著（NOTABLE）」「重大（SIGNIFICANT）」に分ける。

　どうすれば制約の影響をなくす、または制限することができるか全員で議論し、制約を緩和するプラスの影響を明らかにする。もし1つの戦術をこと細かに掘り下げるようなディスカッションが始まってしまったら、戦術から戦略に流れが戻るまで、「なぜ？」と問いかけ続けよう。

　たとえばベンダーを変えてコストを抑えようという提案がなされたら、「ベンダーを変えたらコストが減るのはなぜか？」とたずねる。相手が「今のベンダーの料金は高すぎる」と答えたら、今度は「今のベンダーが高すぎるとなぜわかるのか？」と聞く。「ウィジェット1台あたりの平均料金が競合他社2社よりも50％以上高い」という答えが得られたら、アイデアを記録する。

　いささか露骨なやり方に思えるだろうが、私たちは得てして、その場にいるすべての人が同じロジックを使うものと思い込んでアイデアを口にしがちだ。もしかしたら、ベンダーの価格は妥当だが全体の予算に占める割合が多すぎると考えている人がいるかもしれない。そのような意見の違いに「なぜ？」で対応するときは、必ずそうした違いを2つの相反する理由の選択肢としてわかりやすく提示しよう（図7.8）。

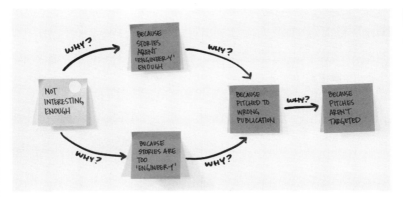

図7.8 「なぜ？」と質問し続けた結果引き出された、相反する理由

　何度か「なぜ？」を繰り返せば、戦術の裏側にある客観的なバリューステートメントが明らかになるだろう。それが適切な目標作成の基盤になる。アイデアを左から右に深くなっていくように横に並べて提示する。それを5つの「なぜ？」の層と考えて、組織のミッションと行動のつながりがわかるまで各アイデアを深く掘り下げていくことを目指そう。

■目標を決める（40分）

　このミーティングの測定可能な成果は、チームが「追求する価値がある」と同意した目標の信頼できるリストだ。ここまですでに、考えられる制約の対処についてアイデアを集め、それらに効果があると思われるのは「なぜ」か繰り返し質問している。その結果、検討すべき目標に関する資料が数多く揃った。

　出席者を少人数のグループに分けて、それぞれに2つ以上の制約を割り当てる。重大な制約が1つ、顕著な／最小の制約が1つ以上。後者から始めるといい。そのほうが目標ステートメントをまとめるのが容易だからだ。グループ別に20分間でアイデアをすべて制約に照らして見直し、変更された成果をまとめた目標ステートメントを作成する。

もし役に立つようなら、ミーティングの前に作られた文書に書かれた「これまでの成果の現時点における測定結果」に言及し、それらの測定結果に変更を加えて、それをある目標に対応しうる「主な結果」とするよう求める。それから各グループは、結果を向上させることがなぜ重要なのかを説明した客観的なバリューステートメント（目標）を作成しなければならない。思い出してほしい。目標は野心的でありながら曖昧なものだ。出席者グループには夢は大きく持つよう勧め、細かいことにこだわりすぎているようなら「なぜ？」と質問し、結果ではなくそれらの裏側にある意味に関心を向けるよう促す。

　最後の20分で、各グループが作成した最終的な目標を発表し、壁に貼り出す。結論を導くディスカッションの前に、もともとの問題についてもう1度言及する。望ましい変化への影響力が最も大きい目標を決めるためにドット投票をおこなう。その結果、最後にチームがいちばん有望と考える目標が明らかになるだろう。

ワークショップに時間とコストをかけるだけの価値があることを、どうすれば上司やクライアントに納得させられるか

ジェームズ・マカヌフォ
Pixel Press クリエイティブディレクター
『ゲームストーミング』共著者

ジェームズ・マカヌフォは、ファシリテーションとコンセプト開発を専門とするコンサルタントで、著書に『ゲームストーミング』(デイブ・グレイ、サニー・ブラウンとの共著) がある。Intel、IBM、ヒューレットパッカードなどの数多くのフォーチュン100企業や、米国海兵隊、米国教育省、国家情報長官室といった組織とのワークショップでファシリテーターを務めた経験を持つ。

ワークショップに対する不信感は私にもある。コストのかかった、非効率的な、準備不足の、ファシリテーションがお粗末な、不幸な集まりに耐えた経験が誰にでも1度はあるはずだ。恥ずかしながら私自身も、くだらない会議のファシリテーションをしたことがある。「そのミーティングがどれほど高くついたか」を計算する段階を通りすぎて今思うのは、そうしたミーティングがまったくもって人間の可能性のムダづかいだということ。時間は私たちの唯一の財産なのだから、互いの時間をそんなに躍起になって奪い合うべきではない。

その点、仕切りのみごとなワークショップでは、時間が有効に活用さ

れている。

　あなたが取り組んでいるものが何であれ、それには「正しい答え」がなく、長期間にわたってチームのエネルギーと専門知識を必要とする可能性がある。1日以上の時間を費やして準備するほうが、その先コストのかかる混乱と失望が繰り返されるよりいい。その意味で、そして不信感の強い人にとって、ワークショップはリスク緩和ツールなのだ。

　見方を変えれば、ワークショップは他では手に入らない新しいアイデアの宝庫である。インスピレーションは生まれる時と場所を選ぶが、ワークショップはチーム全体でアイデアを創出し、組み合わせ、試す機会だ。メールも電話会議もいらない。ただ協力し、話を聞き、学び、新しいアイデアを作る人がいればそれでいい。

　加えて、首尾よく進められたワークショップを通して人はどうやって他の人たちとともに仕事をすればいいかを学ぶ。与えられた正式な役割や責任が何であれ、最終的にものごとを成し遂げるのはそうした非公式の「潤滑油」なのだ。

　人々はみな、とにかくもっと効果的な方法で一緒に問題を解決し、新しいものを作りたいと思っている。協力のお膳立てを整えたら、あとは邪魔をしない。それでワークショップは役割を果たしたことになる。

　かつて私は、教育省のコンサルタントとして「スクール2.0」プロジェクトのファシリテーションをした経験がある。2.0が古臭いことばになる前の話だ。最初に、教育関係者と科学技術者を招いてワシントンDCでワークショップをおこなった。私たちの「たたき台としてのコンセプト」は、「学校の未来図を描こう」だった。

　議論はみるみるうちに進み、興味深い多くのコンセプトの掘り下げに移った。学びの場は学校だけではない！　今ではあたりまえに思うだろうが、2008年当時は教育や学習がコミュニティ全体で1日中おこなわれるものだという考えは斬新だった。

　教育省のワークショップで功を奏したのは、認識の差を埋めることだ。異なる世界の人たちが集まって何かに取り組むときは、水平思考が起き

る。人々は互いの概念を壊して新しいアイデアのひらめきを得る。エドワード・デボノが提唱した水平思考のコンセプトはおおまかに次のようなものだ。「問題解決の場面では、私たちは習慣の生き物である*5」。頭のなかでは、「前に見たことがある問題だぞ。だったらAからB、BからCに進んでいけば解決だ」という声がぐるぐる回っている。水平思考は、多くの場合新しい視点をもたらすランダム発想法によって、そうした思考のループを断ち切る。デボノには水平思考を意図的に実行するテクニックがある。しかしたとえテクニックがなくても、さまざまなバックグラウンドの人を集めるだけで、ある程度水平思考が起きるよう促すことができる。

　人の集まりにはちょっとしたシステムがある。意識するしないにかかわらず、人はさまざまなやりとりをしている。それぞれに習慣がある。ではもしシステム自体が壊れたら、そのなかでどうやってソリューションを見つけるのだろう。プロジェクトマネージャーが6人いて、全員が同じ問題を抱えているとしよう。6人を集めて何かを改善する方法を考えさせたらどうなる？　彼らはより優れた、または効果的な新しいアイデアを考え出すだろうか。それとも、プロジェクトマネージャーの数を半分にして、他の分野から何人か招いたほうがうまくいくだろうか。それが水平思考であり、ワークショップを開く大きな理由なのだ。

---

*5　Edward de Bono, Lateral Thinking: Creativity Step by Step (New York: Harper Perennial, 2015)

プロジェクト・キックオフワークショップ

　プロジェクトの成功や失敗は、当初の期待に照らしてどの程度うまくいったかを測定して判断する。映画を見るときと同じだ。特殊効果や派手なアクションを期待して見に行った最新のヒット作に、真に迫ったキャラクターが登場すれば、その映画はあなたの期待を超える。逆に、もの静かなドラマにリアリティのあるキャラクターが登場しなければ、みごとなプロダクションデザイン〔映画のセットや衣装から、ロケーション、世界観や舞台背景にいたるまでの、映像に関わるあらゆるもののデザイン〕だったとしても期待外れに終わるだろう。プロジェクト・キックオフワークショップの目標は、ステークホルダーとコントリビューターのプロジェクトに対する期待を確立すること。骨の折れるタスクだ。

　しかし、だからといってそうしたミーティングをやらなければ、期待を把握し検討することはできず、かえって面倒を引き起こす。それはスコープの変更、終わりの見えないイテレーション、スプリントの追加、張りつめた職場の人間関係、リピート客の減少といったかたちで表れる。あとになってプロジェクトの時間が奪われるくらいなら、最初に何時間か投資するほうがいい。

プロジェクト・キックオフワークショップの目標

　キックオフワークショップは、先に検討したクイックキックオフミーティングとは異なる。より密度が濃く、実際の作業が増え、はるかに多くの労力がかかる。キックオフワークショップでは、関係するすべての人の期待を把握、分類し、じっくりと検討して詳細を明らかにする必要がある。期待を調整しタスクの境界を明確にすることによって、信頼を確立し勢いをつける。期待をすり合わせるための準備として、まず出席者がどんな期待を持っているかを知らなければならない。本章ですでに説明したステークホルダー・インタビューのアプローチを使うといい。

　ステークホルダー・インタビューは、キックオフミーティングより前に

おこなうのが重要だ。キックオフミーティングは関係者の期待を把握する方法としてはコストがひどく高い。事実上、一種のリサーチのようなものだからだ。規模の大きなミーティングでリサーチをするなんてとんでもない。インタビューを通じてリサーチするほうが、ツールとしてはずっと優れている。

インタビューその他の調査に先駆けて、チームのメンバー1人か2人に探りを入れさせ、関係者の期待を分類してリストを作るべきだ。そうすれば、くまなく話を聞くわずらわしさからみなが解放されるし、彼らがどんな期待を持っているかはもうわかっているので、期待を上回るワークショップになるはずだ。最初のミーティングで期待を超える実績を作れば、互いに知るのにかける労力を減らし、信頼関係の構築に多くの労力を投じられる。

プロジェクト・キックオフワークショップの成果測定

期待がどの程度満たされたか（または超えたか）を測定する方法は2つ。1つは、重要度とフィージビリティのマトリクスを使ってさまざまなプロジェクト目標に任意のスコアをつける方法だ（図7.9）。このアプロー

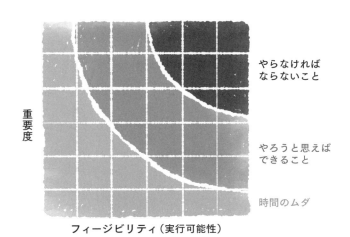

図7.9 重要度とフィージビリティのマトリクス。右上は「やらなければならないこと」、左下は「やめても省いてもいいこと」を示す。真ん中が最も議論の分かれる部分。

チでは、事前の「偵察」調査で明らかになったプロジェクト目標についての合意と曖昧な点を文書化する。

２つ目は、新しいアイデアによって成功を評価する方法だ。それらのアイデアには責任者の承認が得られるよう十分なフィデリティがなければならない。

プロジェクト・キックオフの内容は、勤務する会社の業種によって異なる。これから紹介するのは、新しいモバイルアプリを考案するためのキックオフワークショップのアジェンダだ。ただし広範囲に適用できるように作ってあるので、今後あなたが始めるどんなタイプのプロジェクトにも当てはめることができる。

> **プロジェクト・キックオフワークショップの**
> **サンプルアジェンダ（4～8時間）**
>
> キックオフのアジェンダのプラン作りに適したツールが、ARCIマトリクス[*6]だ。ARCIは「Accountable（説明責任者）、Responsible（実行責任者）、Consulted（協業先）、Informed（報告先）」の頭文字をとったもの（RACIマトリクスと言う人もいるが、ことばの順番が違うだけだ）。プロジェクトとの関係性が上記のいずれかに該当する、組織内の人をすべて明らかにする。それにより、事前に誰にインタビューをして、ワークショップに誰を招くべきかがわかる。A、R、C、Iの順番で以下の説明に当てはまる人を見つけよう。
>
> ・**A** 説明責任者は上層部の地位にあり、プロジェクト全体の意図を導く。プロジェクトの決定を承認し、プロジェクトがうまく運んだかどうか判断することができる。

[*6] "Organization Charts and Position Descriptions," in A Guide to the Project Management Body of Knowledge PMBOK Guide, 5th ed. (Newtown Square, PA: Project Management Institute, 2013), p. 262

- R　実行責任者はプロジェクトの実際の作業の実行に関わる。彼らの行動の結果がプロジェクトであり、「説明責任者」の評価の対象になる。
- C　協業先の人々はよりよいプロジェクトに貢献できる専門分野の知識を持っている。プロジェクトチームの一員でないかもしれないし、同じ会社に属してさえいないかもしれない。しかし彼らは経験や過去のリサーチにもとづいて、目下の作業に関連のある洞察をする。また、プロジェクトが成功と評価される理由を定量化（または定性化）できる人たちである。
- I　報告先がどのような人かはプロジェクト次第だが、作業またはその方向性の責任は負わないと思われる。プロジェクトの成果の影響を受けるが、プロジェクトにおいて何らかの役割を果たすことはない。対象者の範囲は下流（直属の部下）、垣根を超えて（関係する各部門）、あるいは上流（経営幹部）と広範に及ぶ可能性がある。

　それぞれのグループのなるべく多くの人に話をしよう。ただし、先にAおよびRグループの人との関係を構築してから、CおよびIグループの人に接触すること。重要なプロジェクトへの期待が隠されていないか、会話の記録を徹底的に調査する。自然と浮かんできたタイトルをつけて、期待をカテゴリーに分類する。

　モバイルアプリのデザインプロジェクトの場合、ブランド、ビジュアルの方向性、ユーザーエクスペリエンス、コンテンツストラテジー、インターフェイスデザイン、プラットフォームや技術上の制限、オーディエンスの定義、オーディエンス獲得戦略、バックエンドの技術要件などのカテゴリーがあるだろう。すべての期待を把握し分類し終えたら、キックオフワークショップに参加するチームにリストを配布する。各自重要度を1〜5（5が最も高い）、フィージビリティも1〜5（5はフィージビリティが高い、つまり「容易に実行できる」）で採点しなければならない。次ページに示すようなウェブフォームを使うといい（図7.10）。前述の4つのいずれかとの関

係が強そうな人は誰でも対象となるが、カテゴリーを決めつけないこと。むしろ、ARCIの役割に直接関係する期待は小さいほうがいい。それにより組織はフラットになり、能力次第でアイデアがたくさん生まれるはずだ。

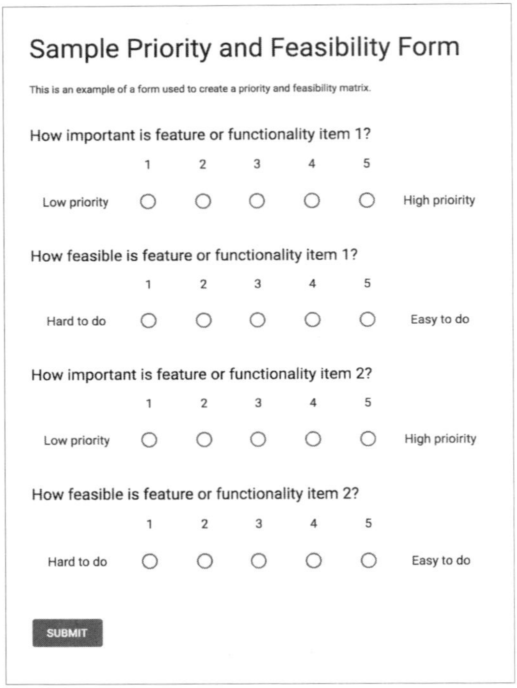

Sample Priority and Feasibility Form

This is an example of a form used to create a priority and feasibility matrix.

How important is feature or functionality item 1?

	1	2	3	4	5	
Low priority	○	○	○	○	○	High prioirity

How feasible is feature or functionality item 1?

	1	2	3	4	5	
Hard to do	○	○	○	○	○	Easy to do

How important is feature or functionality item 2?

	1	2	3	4	5	
Low priority	○	○	○	○	○	High prioirity

How feasible is feature or functionality item 2?

	1	2	3	4	5	
Hard to do	○	○	○	○	○	Easy to do

SUBMIT

図7.10　シンプルなウェブフォームで入力する、重要度とフィージビリティのマトリクス。平均値と標準偏差を出し、範囲内の高い標準偏差(例:1.5以上)に注目する。これはチーム内に期待について意見の不一致があることを示唆する。

■ イントロダクション(30分)

出席者全員のプロジェクトへの期待はすでに把握している。ここでは最初に、ワークショップそのものに何を期待するかたずねる。出席者の多くにとって半日という時間は多大なコミットメントだ。ワークショップのために時間を割いてくれたことを気づか

う気持ちを伝えよう。シンプルに「このワークショップで何を達成したいですか？」と質問し、各自に簡潔に答えてもらう。内容を記録してあとで見直すときのためにタイトルをつける。

■ 重要度とフィージビリティのエクササイズ（15分、任意）

ウェブフォームを使って事前に実施していない場合は、重要度の決定とフィージビリティ分析をおこなってもいい。先に紹介した重要度とフィージビリティのワークシートを配布するか、ウェブフォームに入力してもらおう。全員に時間を与えて採点させる。各カテゴリーの最大スコアはカテゴリーの質問数の5倍になるはずだと出席者に念を押すこと。フォームを回収して手早く計算しよう。そのために5分間休憩を入れてもいい。

■ 重要度とフィージビリティのスコア（30分）

重要度とフィージビリティの両方のスコアが平均で最も低い項目について手短に検討する。図で示すと、そうした項目は左下になる（図7.11）。残りの時間で中～高スコアがついた期待について考察し、ある期待の重要度またはフィージビリティのスコアの標準偏差が高ければ必ずそこに注目する。高い標準偏差は意見の対立を意味するからだ。

相反する意見があるときは、一部の人にとって重要な（または容易とみなされている）何かが他の人にはそうでない（または難しいとみなされている）理由を見つけ出す。それを明確にしておかなければ、対立がプロジェクトを台なしにするだろう。意見の衝突はそのたびに特定しないといけないが、必要条件の誤解や問題に関する技術的な専門知識の欠如など、簡単な解決策がはっきりしている場合を除き、何から何までをただちに解決しようとしてはいけない。

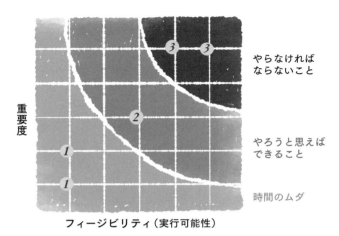

図7.11 図のなかの、重要度が低い=(1)、中程度=(2)、高い=(3)の位置

■ 仮説のデザインエクササイズ(1〜2時間)

　モバイルアプリを持つためだけにモバイルアプリをデザインする人はいない。アプリが企業にとってメリットがあるというのが前提だ。同じことはどのプロジェクトにも言える。プロジェクトは企業に利益をもたらすことが期待されており、その利益を明確にして望ましいプロジェクトの成果が何かをはっきりさせなければならない。そのためにおこなうのが以下のエクササイズだ。これは、ジェフ・ゴーセルフとジョシュ・セイデンの共著『Lean UX―アジャイルなチームによるプロダクト開発』のワークシートをもとにしている(図7.12)[*7]。

[*7] 『Lean UX―アジャイルなチームによるプロダクト開発』ジェフ・ゴーセルフ、ジョシュ・セイデン 著、坂田一倫 監訳、児島修 訳、オライリー・ジャパン、2017年

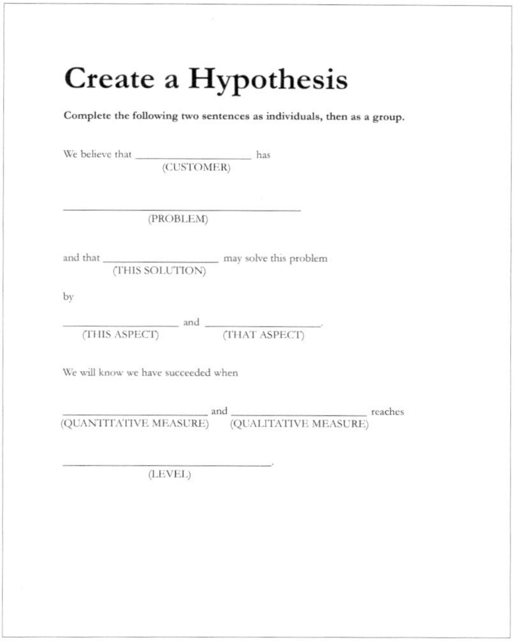

Create a Hypothesis

Complete the following two sentences as individuals, then as a group.

We believe that ________________ has
(CUSTOMER)

____
(PROBLEM)

and that ________________ may solve this problem
(THIS SOLUTION)

by

________________ and ________________.
(THIS ASPECT) (THAT ASPECT)

We will know we have succeeded when

________________ and ________________ reaches
(QUANTITATIVE MEASURE) (QUALITATIVE MEASURE)

________________________________.
(LEVEL)

図7.12 キックオフミーティング中に、このワークシートを使ってプロジェクトの仮説を立てる。

ワークシートを配る。各自、モバイルアプリのオーディエンス、アプリによって解決されるオーディエンスの問題、アプリに価値があることを証明する成功の定量的および定性的測定結果に関する自分の考えを書き入れる。

全員がワークシートの記入を終えたら、２人１組になる。専門分野、所属部署、ARCIの役割、あるいはその全部が異なる組み合わせにしたほうがいい。よく一緒に仕事をする、または同じような仕事をしている人同士をペアにするのは避けよう。お互いの前提が強化されるだけだ。違うタイプの人を結びつけるほど理解は深まり、得られるアイデアのバリエーションや価値は増えるだろう。

次に、４人グループを作りそれぞれの仮説を順番に共有し、４人で協力して新たな仮説を立てるよう指示する。最も説得力のある

アイデアがディスカッションの中心でなければならない。試しに、最終的に職務つまりARCIの役割が多様な組み合わせになるようなグループ構成にしてみよう。グループのさまざまな仮説を比較し検討する。

　グループで1つずつ、合計2つの仮説がまとまったら、双方のグループに互いの仮説を理解させる。休憩を挟んで次のステップに移ろう。続いて、各グループに割り当てられた仮説をふまえたデザインスタジオを実行する。

■ 休憩（15〜30分）

　第2章「ミーティングにおけるデザイン上の制約」で触れたように、ワークショップではおよそ90分ごとに休憩をとらないと、人々は取り組んでいるタスクへの関心を失う。

■ デザインスタジオ・エクササイズ（90分〜3時間）

　各グループはまず仮説について、オーディエンスが誰で、なぜ彼らはモバイルアプリを必要としているか、どんな手段で成功を測定するかを明確にする。同じように「個人の作業からグループ作業へ」のプロセスに従ってこれらの仮説を処理していくのだが、ここではワークシートの空欄に記入するのではなく、アプリ自体のインターフェイスまたは体験のためのアイデアをスケッチする。何も書いていない紙か、白紙のスクリーンが印字されたスケッチシートを用意しよう（図7.13）。

　重要度とフィージビリティの議論にもとづいて、仮説のスクリーンをスケッチしながら、掘り下げるプロジェクトへの期待をいくつか選ぶ。スコアの裏づけがある（標準偏差が高い、平均して重要度またはフィージビリティが高い）期待を選ぶこと。

　常に時間厳守を心がけること。この活動をやり終えるには時間がかかるだろうから、わかりきったアイデアは放っておいてテキパキ作業を進めなければならない。10分間で各自6つ以上のアイ

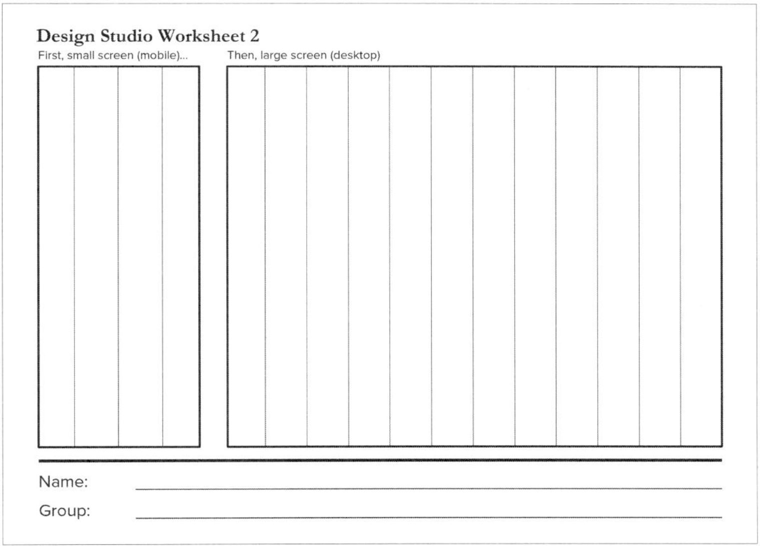

図7.13 デザインスタジオ活動で使用する、モバイルアプリのためのスケッチシート。

デアをラフにスケッチしたら、次にグループを作り、10～15分でそれぞれのアイデアに取り組む。10～15分でグループで共有し批評し合ってからスケッチをおこなう。たとえば出席者が16人なら以下のスケジュールに沿って進めるといい。

- 出席者めいめいがスケッチを描く：10分
- 2人1組になって批評する：10分（1人5分ずつプレゼン＋ディスカッション）
- 2人1組でスケッチを描く：15分
- 4人グループを4つ作って批評する：15分（2人グループが7分ずつプレゼン＋ディスカッション）
- 4人グループでスケッチを描く：15分
- 8人グループを2つ作って批評する：20分（4人グループが10分ずつプレゼン＋ディスカッション）
- 8人グループでスケッチを描く：20分

7 | プロジェクトの第一歩はミーティング

- 8人グループで共有する：20分（4人グループが10分ずつプレゼン＋ディスカッション）
- 合計：2時間5分

　出席者の数が多ければかける時間を増やしてもかまわないが、1つのグループの人数は8名を超えないように。第3章「アイデア、人、時間に合わせてアジェンダを作る」でも検討したが、合意点モデルの複雑さから考えて議論が手に負えなくなるからだ。

　普段絵を描かない人は、スケッチなんて自信がないと思うかもしれない。「自分はアーティストじゃないんだ」「こんなのデザイナーがすることか？」などという不満の声が聞こえてきそうだ。スケッチがデザインになるわけではないが、それをきっかけにデザインが果たすべき務めに関して有益な議論がたくさん生まれる。そのことを出席者に納得させよう。デザインスタジオ・エクササイズは、重要な前提を明らかにして、何が可能かの境界をはっきりさせる。よければ、ウォーミングアップとして、シンプルなインターフェイスの構成要素への関連づけが容易な簡単な図形（図7.14）を出席者全員にスケッチしてもらおう。そうすれば、期待されたフィデリティを確立し、ハンディをなくして、スケッチに慣れていない人も得意な人もそれぞれ自分のアイデアを表現することができるだろう。

図7.14　ユーザーインターフェイス（その他何でも）を示す、誰でも描ける簡単な図形。デイブ・グレイ、サニー・ブラウンによる。

コンサルタントとしてクライアントと共同で作業をする場合は、予想を裏切ろう。次のようなバリエーションを試してみるといい。

- グループごとの作業のときは、トレーニングを受けたデザイナーにのみスケッチさせる。デザイナーが描かなければならないのはグループの説明通りのスケッチであって、自分自身が考えたアイデアではない。それはあとから追加できる。
- デザイナー以外の人にだけスケッチさせる。意地悪なようだが、デザイナーを労力のかかる言語的思考に集中させることで、議論がよい方向にダイナミックに変化するのだ。これは生産的な役割交代の手段としても機能する。
- 使えるのは黒の油性ペンのみとし、シンプルで明確なスケッチを描くよう促す。なかにはモナ・リザ並みのスケッチを描こうとする完璧主義者もいるだろう。だがそれは間違いだ。消せないペンを使うことで際限なく描き直せないようにしよう。

■ 共有と「ゴールデンチケット」（20〜30分）

　各グループに最終的なアイデアを発表させる。最終的なスケッチの批評には、それまでよりも長い時間をかける。人数の多いグループの場合は、全員で最終的なアイデアを大きいスケールでホワイトボード上にスケッチするよう指示し、フィードバックを記録する。全体へのプレゼンテーションが終わったら、以下の質問に答えるかたちでフィードバックを質問ごとに色の異なる付箋に記入する。

- このスケッチの最大の長所はどこですか？
- このスケッチのなかで実行するのが難しいと思われるのは何ですか？

　フィードバックを全部（1枚の付箋に1つ）書き終え、付箋を直接スケッチに貼ったら、注釈つきのすべてのフィードバックを含めス

ケッチの写真を撮ることができる。付箋にはイニシャルを書き入れ、フォローアップの質問をしなくてはいけないときに誰がどのフィードバックをしたかわかるようにする。

シニアステークホルダー、すなわち説明責任者「A」の役割を果たす人には、遠くからでも目立つ別の色の付箋を2、3枚渡す。スケッチを見て下した彼らの意思決定をそれら「ゴールデンチケット」に書いて記録する。「必須の要素」または「優れたアイデア」と思うものがあれば、シニアステークホルダーはどんな点が好ましいかを明記してスケッチに直接貼ることができる。

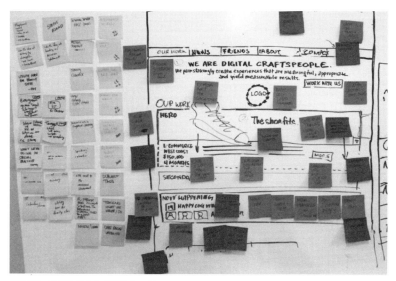

図7.15 批評を終えた最終スケッチ。

■ 再び休憩（15〜30分）

■ さしあたっての次のステップとアクションアイテムの割り当て（15分）

最後に、重要度の高いアイデア、最終的な仮説、批評後のスケッチをふまえ、ただちに講じるべき次のステップを考えよう。期待

される成果のためにそれまで協力しておこなった作業をもとに、一連のイベントの流れの草案を手早く作成する。必要ならそれぞれのタスクを誰が実行することになるかの説明も加える。

　そのあとで、パーティーを開くもよし、素敵なハッピーアワーか夕食にチームを連れて行くのもよし！　何しろこんなにがんばったのだから。

覚えておこう

すでにお気づきとは思うが、この章には第2部の他のどの章よりも多くのアジェンダが紹介されている。プロジェクトの初期はまだすり合わせが十分ではないため、この時点でおこなわれるミーティングにはいちばん伸びしろがある。すり合わせにはいろいろな方法があり、時間、望ましい成果、組織文化といったさまざまな制約のなか、プロセスを開始するうえでこれらのアジェンダは最も柔軟性が高い。プロジェクト開始時のミーティングでは常に以下を頭に入れておくこと。

- 最初に人々がどんな前提を持っているかを明らかにし、検討する。それらの前提にもとづき合意を確立し、相反する意見がないかをつきとめ、最後に意思決定をする。適切な議論のパターンに従うこと。

- ステークホルダー・ミーティングやワークショップの計画策定ミーティングなど、事前のミーティングで集まった情報を活用し、主要イベントのアジェンダを改善する。

- 優先順位を決める、または対立を解決するときは、投票による方法に頼り、話をする必要のない手順を検討する。そうした方法によって、社員、上司、さまざまなスタイルで関与する人々の立場が平等になる。

- すでに何かをうまくできる人がそれをするのに最もふさわしいと思い込まないこと。スケッチを描くのがそれほど得意でない人に、ファシリテーターの力を借りながらアイデアをスケッチさせてみれば、経験豊富なアーティストとは異なる結果が生まれるはずだ。

⑧ 中間地点の
ミーティングで道筋を示す

　チームが協力してプロジェクトの作業を進めるうちに、習慣は「いつもの仕事」にかたちを変える。「いつもの」の意味は、チームの人数や過去の成功体験、性格のタイプ、その他多くの要因によって異なる。個性も考え方も違うさまざまな人の集まりを、長いプロジェクト期間中成果を目指して団結させ続けるのは難しい。多様なバックグラウンド、スキルセット、そして意見の対立がプロジェクトの進行を遅らせ、最悪の場合は完全にストップさせてしまいかねない。

　だが、第4章「ファシリテーションによって意見の対立を乗り切る」で学んだように、対立や不安のなかで仕事をすることは健全だし必要でもある。正しい目的を持った人たちのファシリテーションスタイルや頭のなかのプランはそれぞれに異なる。そうした違いのなかに画期的な新しいソリューションが隠れているのだ。ミーティングによって、有益な衝突が思いがけず表面化することがある。全員の気持ちが一致しているとはまだ言い切れないかもしれないプロジェクトの中間地点を乗り越えるには、今後にとって最も有望な方法を見つける可能性を探らなけ

ればならない。

　プロセスの途中でおこなわれるのがテリトリー・マッピング〔絵や図を使って組織と個人のビジョンや課題を視覚化すること〕だが、これはよく年次研修の一環として組織的かつ大きな規模で実施される。研修は、組織のミッションの整合性について熟考し、対立を浮かび上がらせ、目標達成を高く評価する場だ。プロジェクト実行中の小規模のミーティングには、「スタンドアップ」のような定期的なチェックインミーティングがある。だが規模の大小を問わず、中間地点のミーティングは、組織の成長または変化を要求する内外の力にいかにうまく対応するかを打ち出す強力なツールなのだ。

　大小どちらの規模に注力すべきか判断するために、議論の「視程」について考えてみよう。ステータスミーティングやチェックインでは、どれくらい先まで見通すか、その範囲を制限するのは理にかなっている。毎日チェックインをするアジャイル開発——すなわち「スクラム」では、「スプリント」と呼ばれる一定の期間を設定し、視程をきわめてきっちりと定めている。そのため、スクラムチームの人々はさしあたり何をするかだけを考えればいい。常に１日かせいぜい１週間の取り組みに集中できるというわけだ。調査結果の説明やデザイン指示の提案など、テリトリー・マッピングの役割を果たす「中間地点のミーティング」は他にもある。それらは、新たに判明した制約、目標、またはたどるべき道筋を示してマップの方向性を変えることができる。研修では、組織のアイデンティティの中心的な側面を見直し、それを反映させて、テリトリーをがらりと変えることができるのだ。

　本章は、プロジェクトやプロセスの実行中におこなう最も一般的なミーティングを、みなさんの独自の文化に合うよう調整できるアジェンダとともに紹介している。それぞれに、成果または目標、目標の測定方法、サンプルアジェンダをつけた。これらのミーティングは、提示された順番通りに実行しないといけないわけではない。いわばアラカルトメニューみたいなものだから、これから試してみようと思う視程にもとづいて、いろいろなタイプのなかからニーズに合うものを選択する。そ

れから自分の組織や望ましい成果に沿ってカスタマイズすればいい。

　加えて本章は、従来からあるアジャイルプロセスの側面をいくつか紹介する。この本はアジャイル手法を仕事に取り入れる方法を学ぶガイドブックではない。しかし、今初めてアジャイルを知ったという人は、本章のコンセプトを活用し、自分なりのアジャイル手法によるミーティングアプローチを試してもいい。アジャイル手法についてもっと知りたければ、『Agile Software Development: Principles, Patterns, and Practices（アジャイルソフトウェア開発の原則、パターン、実践）』[*1]など参考になる本はいくつかある。

アジャイル式デイリースクラム

　デイリースクラムはアジャイル開発プロセスの核をなすミーティングで、開かれる頻度が最も高い。「スクラム」の名はラグビーのフォーメーションに由来する。試合でファールがあったりボールが境界線を越えたりしたときは、両チームの選手が肩を組み合い頭をくっつけて集団を作り、ボールを奪い合う。スクラムを組んで、プレーは再開される。アジャイル式のデイリースクラムでは、チームが一丸となって追うのは、ボールではなくやるべき仕事だ。

アジャイル式デイリースクラムの目標

　デイリースクラムはラグビーのスクラムほど危険でないことを願いたい。ただし目的は同じだ。前回の終了時点から作業を再開させるためにおこなう。たいていは朝に開かれ、その目標は情報伝達である。スクラムミーティングでは、プロジェクトに関わる人がそれぞれ前日に何を完了させたか、その日はどんな作業をするか、タスクでどんな障壁に直

[*1] Robert C. Martin, Agile Software Development: Principles, Patterns, and Practices (Upper Saddle River, NJ: Pearson, 2003)

面しているかについて、共通認識を確立する。

　プロジェクトチーム以外の人、たとえば上層部が進捗状況の確認のためにデイリースクラムに顔を出すこともよくある。とはいえ、そうした人を議論に参加させるのはいい考えではない。分析の範囲を広げるのは目的に反している。デイリースクラムは、あくまでもそれまでの24時間に起きたプロジェクトの進捗を細かく把握するためにある。チームの作業時間を確保するため、深い議論や問題解決については、スクラムのすぐあとにとりかかるのはかまわないが、デイリースクラム中にやるべきではない。

デイリースクラムの成果測定

　かんばん[*2]は、「かんばんボード」を用いたアジャイル手法のやり方だ。かんばんボードは、スクラムミーティングで報告された活動を記録するための視覚化ツール（図8.1）。ボードには（作業活動を書いた）カードを置くスペース（カラム）がいくつか設けられている。基本的なかんばんのカラムは（左から右に）、「未着手」「作業中」「完了」の3つ。これらはデイリースクラムのディスカッションの3つの要素、「まだとりかかっていない作業（カラム1）」「進行中の作業（カラム2）」「完了した作業（カラム3）」に対応している。デイリースクラムミーティングの成果は、かんばんボードに貼られた作業の数、およびそれらが左から右へ移る進捗状況で評価することができる（図8.2）。

　最初のカラム（これからやること）にカードがたくさん貼られているのは、しなければならない作業がはっきりしているということ、つまりスクラムが機能している証拠だ。2つ目、3つ目のカラムへとカードが移動するのは、プロジェクト活動が順調に進んでいるからだ。かんばんボードの写真を経時的に撮影すると作業数の増減がよくわかる。厄介なタスクは中央のカラムにとどまって動かないことが考えられるため、制限を

[*2] Paul Schönsleben, Integral Logistics Management, 5th ed. (Boca Raton, FL: CRC Press, 2016), p. 303

図8.1 カードが貼られていない基本的なかんばんボード。カラムの名称は自分のプロセスに合わせて決めることができる。

決めたほうがいい。たとえば「中央のカラムに貼れる作業カードは1人3枚まで」といった具合に、ある時点で1人に割り当てられる作業の数を限定するのだ。こうした制限は仕掛かり作業の制限（WIP制限）と呼ばれる。

カラムの数を増やしてもっと複雑にしてもいいが、初心者は3つから始めよう。なかにはソフトウェア開発の一連のステップ全体を組み込んだ高度なものもある。ここでは、バックログ〔後回しにしている積み残しの作業〕と品質保証テストを加えてカラムを5つにしたかんばんを紹介している（図8.3）。

図8.2 かんばんボードは、デイリースクラムミーティングでディスカッションを記録するのに使うことができる。カードを左から右の該当するカラムに移動させる。

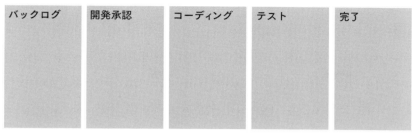

図8.3 開発チームが使用する、複雑なかんばんボード。

アジャイル式デイリースクラムのサンプルアジェンダ
（約10分、8名まで）

　デイリースクラムのファシリテーションをする人を「スクラムマスター」と言う。スクラムマスターには、スクラムからスクラムへ、カラムからカラムへの移行を円滑に進める責任がある。この役割を担う人向けに、優れたスクラムマスターになれることを約束した記事や本やトレーニングコースや証明書は山ほどある。基本として頭に入れておいてほしいのだが、スクラムマスターが管理するのは、タスクであって人ではない。

　スクラムマスターは、出席者が誰であれ時間通りにミーティングを始める。チームのメンバー1人1人が前日に終えた作業を1つずつ報告すると、スクラムマスターがカードをかんばんボードの該当するカラムに動かす。

　完了した作業から新たな業務が発生したら、スクラムマスターがメモしてあとでかんばんボードに追加する。スクラムマスターとチームは、「作業中」カラムに課せられたWIP制限に注意する。

　続いて、チームメンバーはその日に取り組む予定の仕事を報告する。スクラムマスターは、該当するタスクのカードを「やるべきこと」から「作業中」のカラムに移す。

　最後に、あるタスクが終わらないせいで始められない、または

続けられないと思われるタスクがあれば、チームで共有する。スクラムマスターはそうしたディペンデンシーを記録し、スクラムミーティング終了後すぐにさらに議論が必要になるメンバーは誰かを見きわめる。

　以上で終わり。単純に聞こえるかもしれないが、このやり方はチーム内（および外）のワークフローのディペンデンシーを特定するのに大きな効果を発揮する。有能なスクラムマスターは、ミーティングの時間を最小限に抑えながら、可能な場合はタスクの障害を排除できるはずだ。

週に1度のプロジェクトチェックイン

　アジャイル手法が柔軟性に欠けると思うなら、週に1度のプロジェクトチェックインのほうが適しているかもしれない。プロジェクトチェックインは、チーム、そして組織の事情に合わせてカスタマイズして、手短かにおこなわなければならない。組織の文化がマイクロマネジメントに陥っていると、チェックインが長くなり、細かいことばかりに目がいき、出席者も増える。一方「放任主義」のアプローチは、作業のほとんどは期待通りに進んでいるという前提に立つため、チェックインは主な障壁、承認、今後のマイルストーンにフォーカスした短いものになる。

　どちらも「チェックインミーティングの正しい姿」ではない。週に1回のチェックインのスタイルを自分のチームに合うようにカスタマイズしよう。メンバーがチェックインは時間のムダだと不平を言い始めたら、組織の状況により適したものになるよう変更を加えることを考える。

週に1度のプロジェクトチェックインの目標

　チェックインミーティングは、デイリースクラムと同じようにチーム

にプロジェクトに関する情報を伝えるためにおこなう。情報とは、プロジェクトのタスク、今後のマイルストーン、関連する原因による遅れの詳細などだ。また、チームや責任者であるマネージャー（出席する場合）が今抱いている期待も伝えられる。ただし、マネージャー自身が出席する必要があるわけではない。シニアステークホルダーがいると、議論が細かいことにとらわれる（または脱線する）可能性が高くなる。

　そうなるとミーティングの目標に悪影響が及ぶ。ステークホルダーの気まぐれで過去のプロジェクトの意思決定の分析が始まるからだ。その結果、日々の取り組みについてのディスカッションが迷走してしまう。ステークホルダーならではの認識から生まれるアイデアはパーキングロットに記録し、別のミーティングで検討するようにしよう。チームとステークホルダーの相反する認識に、1つのミーティングで対応しようとするから混乱が生じるのだ。パーキングロットやステークホルダーとの不定期なアップデートミーティングをうまく使えば、問題は解決できる。

　そうした追加のミーティング（およびステークホルダーのパーキングロット）を実行するにはファシリテーターを指名する必要があるだろう。ミーティングがミーティングを生むなんて最悪だが、大事なのは上層部から騒ぎにできるだけふり回されないようにしてチームの時間を守ることだ。チェックインミーティングのファシリテーターは過度に詳細な議論になるのを防ぎ、予定した時間をオーバーしないようにする。1人だけが状況の正しい経緯を把握していると思われるといけないので、ファシリテーターを務める人は毎回変えるべきだ。

週に1度のプロジェクトチェックインの成果測定

　週に1度のチェックインには2つの役割がある。まず、ディペンデンシーを減らしてチームの団結を強化するのに役立つものでなければならない。ディペンデンシーを把握するには、ときに脱線したまま進めることも必要かもしれないので、少しのあいだそのままにしておくのもいい。さらに、毎週のチェックインはプロジェクトの期待に対処する場で

もある。成果にしか目を向けない人は、次の作業についての質問に答えてもらえればそれでいいと思うだろう。そのため、最初に質問を集めて、解決された質問の数でミーティングの効果を測定しよう。

週に1度のプロジェクトチェックインのサンプルアジェンダ
（最長30分）

　プロジェクトチームの中核メンバーは必ず出席しなければならない。それ以外の人の出席は任意でかまわない。プロジェクトマネージャーは、その週に報告すべき内容をふまえて出席者を指名することができる。まず、いちばん多忙な人には必ず出席してもらう。なぜなら彼らはプロジェクト作業に最も関与することになり、したがっていちばん必要な人たちだからだ。出席しない人のために、それまでに講じられたアクション、新しいアクションアイテムとその担当者だけを明記したサマリーを毎回作成してもいい。裁判記録のごとく細かいサマリーは、詳しすぎる会議のメモと同じ運命をたどることになる。ゴミ箱行きだ。よって、その手の記録をとるのに時間をムダにしないこと。

■ 質問を集める（5〜10分）

　チームにどの質問に答えさせるかを決める。ただし、ここでは答えを求めない。また、チームメンバー全員に質問の機会を与える。ディスカッションに備えてすばやく分類できるよう、すべての質問は1カ所にまとめておこう。

■ 質問に対処する（5〜10分）

　このタスクはいつ終わるか、なぜ進捗が遅れているのかといった、容易に答えられそうな質問から始めよう。すぐに答えが出るかもしれないので、きちんと記録する。段々と難しい質問に移っていくが、細かすぎる質問は今後のディスカッションのためにパー

キングロットに移動させるよう注意を払う。

■ 今後のマイルストーン（5〜10分）

　プロジェクトの次の主要な取り組みと、それぞれの取り組みの担当者を決定する。次の２週間の作業に成果物または達成事項があればそれらも明確にし、進捗を妨げるおそれのあるフィードバックサイクルまたは承認と、その影響がどれくらいの期間続くかに言及する。成果物のリストは壁に貼るなり手帳に入れるなりして保管し、次回の週次ミーティングの冒頭で質問（例：「これはどこまで進んでいる？」）に答えるときに参考にできるようにしておくこと。

「リーンコーヒー」チェックイン

　「リーンコーヒー」はチェックインミーティングのバリエーションの１つで、緊急の優先順位づけや柔軟なディスカッションにとても適している。ジム・ベンソンとジェレミー・ライトスミスはもともとこのアプローチを、リーン手法（アジャイル手法の１つ）をさまざまな企業文化に適用する際の問題点を話し合うための地域の会合で用いていた[3]。

　誰でも出席できて、不定期で、必要に応じて大人数でも対応できる。毎回出席者が違ってもうまくいく。定期的に集まりはしないものの、長期間のプロジェクトやディスカッションを調整しなければならないチームにぴったりだ。コーヒーは用意しなくてもいいが、あっても邪魔にはならない（私の経験上１度もない）。

---

[3]　Jim Benson and Jeremy Lightsmith、http://leancoffee.org

リーンコーヒーの目標

このミーティングの目標は2つ。1つはチームの優先順位に従ってディスカッションを進めることで、もう1つが優先順位にもとづいてタスクの割り当てを決めることだ。タスクが特定されたらメンバーはその責任を負わなければならない。ミーティングのたびに出席者は変わるのだから、タスクも優先順位も異なる。ミーティングを文書にまとめて公開するなら、優先順位が低いとわかったタスクは、担当者を割り当て、この先時間とリソースに余裕ができたときまで実行を棚上げしてかまわない。

リーンコーヒーの成果測定

リーンコーヒーでは、ディスカッションのトピックを見えるかたちで整理する。かんばんボードに似ているが、そこまでかっちりしていない。カードまたは付箋を使ってトピックに対する関心を高めて記録する（図8.4および8.5）。

ミーティングがうまくいったかどうかは、提起されたトピック／カードの合計数と、それらに対し出席者が抱いている関心の強さの、量と質の両面で評価される。効果的なリーンコーヒーでは、提起されるトピックの数は多いが、票は少ない数のトピックに集中する。成果は提起され

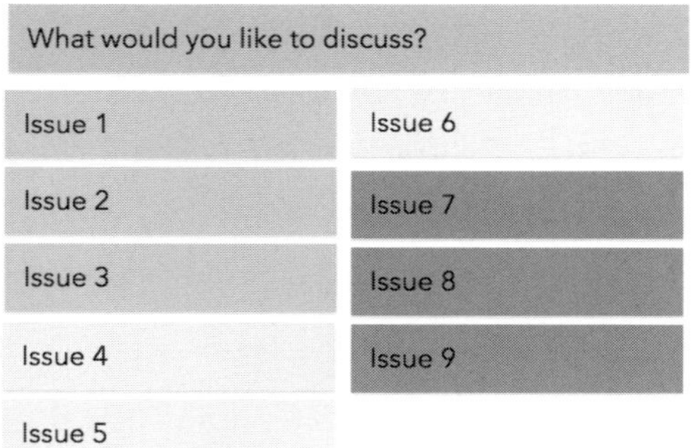

What would you like to discuss?	
Issue 1	Issue 6
Issue 2	Issue 7
Issue 3	Issue 8
Issue 4	Issue 9
Issue 5	

図8.4 リーンコーヒー　ステップ1：新しくトピックを提起する。

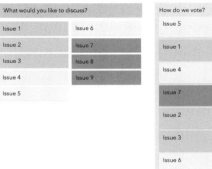

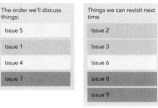

図8.5 リーンコーヒー　ステップ2：投票でトピックの優先順位を決め、議論する。

たトピックのうち将来のミーティングに回されないトピックの数を基準に、複数のミーティングにまたがって測定することができる。同じトピックが何度も何度も提示されるようなら、ミーティングは意図した役割を果たせていないのかもしれない。

リーンコーヒーのサンプルアジェンダ（30分〜1時間）

　ミーティングでは毎回同じボードを使用する。さまざまな議論のトピックの出現と進捗を追跡管理し、ときに間違うこともある自分自身の記憶に頼らず、グループの記憶としてボードに議論の記録を残しておこう。

──────────────────────────────

■ トピックを記録する（最長10分。ミーティングの規模による）

　出席者それぞれが話し合いたいトピックをリストアップする。1つのトピックを1枚のカードまたは付箋にわかりやすいことばで書く。前のミーティングの背景を知らずにカードを読んでもその意味がわかるように書いてもらう。前回のトピックをよく見て、

---

8 ｜ 中間地点のミーティングで道筋を示す　　217

誰かが再び提起しそうなものはないか探す。それらを今回のディスカッションのための投票対象とする。

■ トピックを投票で決める（最長5分）

　出席者それぞれに所定の投票数を割り当てる。最大規模のミーティングなら1人3票で十分なはずだが、人数が少なければ（10人以下）5票でもいいだろう。出席者は議論したいと思うトピックに（ペンまたはシールで）丸印をつけて投票する。強く推したいカード／トピックには丸印を複数つけることができる。全部の票を1つのトピックに投じてもかまわない。票の分配が自由なので、気持ちの強さが結果に反映される。

■ トピックについて話し合う（15〜45分）

　投票数をふまえてディスカッションの順番を決める。最も多くの票を集めたトピックを最初に、投票数の多い順に議論していく。投票数がゼロのトピックは捨てるか、あるいは今後のミーティングのために保留にすることができる。いくつかは忘れても問題ない。トピックを提起した人がそれに投票していないとすれば、他のトピックのほうが重要と考えたに違いないのだから。

　このディスカッションのファシリテーションはほどほどにしなければならない。規模の大きさに比例してファシリテーションの出番も多くなるだろう。かなりの大人数の場合は、投票したトピック別に少人数のグループに分かれて（Aに投票した人は全員グループA）そのトピックを専門に話し合う、ブレイクアウトセッションが効果的だ。

プレゼンテーション
(成果物［納品物］、調査結果、またはコンセプトについての)

　仕事の進捗にともない、多くの成果物が作られる。調査報告書、スライド集、デザインカンプ、戦略コンセプト、要件リストなど、かたちはさまざま。読むものもあれば、説明を聞きながら見るものもあるが、ほとんどは文書とグラフィックを組み合わせたものだ。成果物は複雑なものの理解を単純化する、あるいは複雑なトピックをさまざまなかたちに落とし込めて記憶に残りやすいコンセプトにまとめるために作られる。

プレゼンテーションの目標

　プレゼンの目標は、フィードバック、承認、あるいはその両方を得ることにある。オーディエンスのなかに作業者であるチームが含まれている場合は、フィードバックは批評として返ってくる可能性が高い。仕事についての批評的議論についてはのちほど取りあげる。

　アイデアをステークホルダーに提示するのは承認を得るためだ。複数の案から選ぶなど、承認には選択が伴う場合がある。

> 説得力のあるプレゼンテーションを作成することと同じように(それ以上ではないにしろ)、場の空気を読めることが重要である。
> ——アリソン・ビーティー(Target UXディレクター)

　ミーティングが終わるまでに自分の仕事の価値を納得させることができないとすれば、次のどちらかの問題がある。まず考えられるのは、ミーティングが時期尚早で、仕事がまだ完了していなかったこと。そうでなく、仕事もちゃんとしていたとしたら、問題はプレゼンの説得力にある。フィードバックは後者の問題の対処に力を発揮する。

成果物のプレゼンテーションの成果測定

　このミーティングでは、最終的に成果物の承認が得られるか、あるいは作業のやり直しを求められる。もっとも、2つのあいだにはグレーゾーンがある。プロセスまたは組織の構造によって、ミーティングの目的は意思決定者に直接プレゼをする、エグゼクティブチームに意思決定者へのプレゼンの準備をさせる、または仕事のフィードバックと承認を投票という民主的な方法で集める、のいずれかになるだろう。目的が何であれ、ミーティングの成果はプレゼンの前後で状況がどの程度進捗したかによって測定される。最終的な承認に向けて前進させることが目標なのだ。

成果物のプレゼンテーションのサンプルアジェンダ（30分〜1時間）

　プレゼンテーション中に成果物を読んではいけない。プレゼンテーション中に成果物を読んではいけない。校正者が仕事をしていないと思われてはかなわないので言っておくが、私はあえて繰り返した。これからも何度だって言う。あなたがもしプレゼンでオーディエンスに向かって成果物を読んでいるとしたら、彼らにも自分自身にも大きな損害を与えている。きっと「みなさんがミーティングの前に目を通す時間があったかわかりませんので、1度読んでおきます」とでも言っているのだろう。もしほんとうに彼らが成果物を読んでこなかったとしたら、何と情けないことか！　ミーティングはそんなものであってはならない。

　プレゼンは、オーディエンスがあなたの成果物を初めて知る場であってはいけない。それがもたらす結果を理解する機会でなければならないのだ。あなたは自分自身をも傷つけている。なぜなら、「私は仕事をそれほど大事に思っていませんから、私（たち）の仕事がなぜ重要なのかは説明しません。それが何かを理解するのはみなさんにお任せします」と言っているのも同然だからだ。プレゼン

テーションで成果物を読むのはやめて、これから紹介するアジェンダを試してみよう。短いアプローチと長いアプローチの2つがある。

■質問を記録する（5〜10分）
　成果物はあらかじめ配布しておく（理想的には2営業日以上前）ので、出席者がすでに質問を用意している可能性は高い。最初に、質問を全員の前で発表するよう求める。質問と質問者を書き留める。すべての人が認められる質問の数は同じとし、簡潔で直接的な質問にするよう指示する。この段階ではまだ回答しない。質問を把握して全員に周知するところから始めよう。

■ショートバージョン：質問に答えるだけ（15〜20分）
　質問が単刀直入で、時間が限られていて、すばやい決断が得意なら、質問に答えるためのプレゼンを組み立てよう。しかるべき順番で答えられるように用意してきた資料を並べ直し、進めながらチェックを入れていく。たとえば、最初に簡単な質問から始めて徐々に複雑な質問に移るのがいいだろう。

> 最低でも1回、できれば2回、リサーチセッション（ユーザビリティテスト、ユーザーインタビューなど）を観察したことがある人でなければ、調査結果のプレゼンテーションに招くべきではない。それどころか出席を許してもいけない。
> ——ダナ・チズネル（Center for Civic Design 共同ディレクター）

■ロングバージョンその1：ストーリーを提示する（20〜40分）
　成果物の製作過程で明らかになったことを軸に、あなたの仕事にまつわるストーリーを作る。最初に背景を定め、中盤で葛藤を提示して、最後に問題がある程度解決するのが基本のストーリーだ。成果物の内容をふまえて、2つか3つ考えておこう。
　たとえば調査報告書のプレゼンなら、調査結果に関するストー

リーを語る。その調査結果で明らかになるのはどんな環境か。その環境のどこで衝突が生じているか。調査結果はどのようにしてその衝突を解決するか。デザインコンセプトなら、以下を盛り込んだストーリーだ。私たちが知る、コンセプトをよいアイデアにするものとは何か？　デザインのさまざまなユーザーはどこで問題に直面するか？　デザインはユーザーの問題にどう対処するか？　1つのストーリーにかける時間は5分程度とし、成果物に組み込まれた重要な要素に必ず言及する。難しい選択、驚きの発見、解決された最も切実な問題など、作業のいちばん興味を引く側面にスポットライトを当てること。

■ ロングバージョンその2：質問をふり返る（10〜20分）

　仕事と背景を結びつけるストーリーのあとは、先ほど書き留めた質問に戻る。できるだけ多くの質問に答えよう。簡単な質問から始め、すでにした話を再び説明したり、さらに展開させたりしながら回答していく。答えるたびに、回答は十分だったか、新たな懸念は生じていないか質問者に確認する。新しい懸念事項は質問として記録する。プレゼンの最後に質問がたくさん残るのはよいことだ。承認を得るためにはすべきことがもっとあるとわかったのなら、それが何であったとしても前進なのだ。

批評

　批評は気まずい。批評を求めると、あなたはとても弱い立場に立たされる。自分の仕事の欠点を聞くのは難しいものだ。それなのに、いざ自分が批評をする側になると、何のためにフィードバックをすべきかはっきりわからないまま、対象の作業をよく吟味もせずに直感で反応し

ていないだろうか。目標をきちんと立てれば、批評の苦痛は減り、もっと実り多い時間になるはずだ。

批評の目標

　容赦ない批評をされたほうが、仕事の何がよくて何が悪いかがよくわかると考える人がいる。それが正しいなら、手厳しい意見を相手に痛手を負わせずに伝えられるようにするのがいちばん重要になるだろう。だが、効果的な批評にはただ仕事の腕を磨く以上の意味があるのだ。

　批評は、社員と彼らの作業を承認し実際に使用しなくてはいけない人々、つまりクライアントや上司やユーザーとの長い人間関係のなかで交わされる1回の会話にすぎない。当事者間の継続的で建設的な関係の構築がよい批評の長期的なメリットだ。結びつきが強いほど、否定的な話がしやすくなり、望ましい成果を達成するのが容易になる。

　批評がうまくいけば、する側もされる側もどんなコンテクストで仕事が成功するかを知ることができる。そのためには、批評の際は何らかの措置を講じるべき問題に注目しなければならない。とても多いのが、批評する側がいきなり解決策を提案するケースだ。むしろ批評で解決策の話をしてはいけない。それをしてしまうと、ディスカッションで何が問題でなぜそれが重要なのかについての理解を深めることはできない。

批評の成果測定

　現在の状況（デザイン、レポートなど）で発生している、何らかの措置を実行することが可能な問題を見きわめるのが批評ミーティングの目標だ。そうした問題の数を数えて優先順位をつけよう。そうすれば、批評を受ける側がしかるべき問題について考えを深め、真剣に取り組むことができる。

スクリーンデザインについての批評のサンプルアジェンダ
（2〜4時間）

　グループでデザイン作業を批評するには、デザインの専門知識を持つファシリテーターが求められる。批評のファシリテーターは、考えられる問題それぞれについての十分な詳細と、それが問題だという根拠を引き出す。たとえばウェブサイトに問題があるとしたら、インターフェイスを通じたユーザージャーニーを中心に話の流れを組み立てるのが正しい。プロセスにおけるユーザーのステップをひととおり確認しながら、曖昧な点や障壁を見つけていくのだ。

■ スクリーンごとのウォークスルー（15〜30分）

　ユーザーがスクリーンで何をしようとしているかを提示し、ユーザー自身のコンテクストを手短に話し合う。これには、ユーザーのデバイスや使用中の環境要因が含まれる。次に、大きな紙に投影するか、大判プリンターで印刷した大型のグラフィックを使い、ユーザージャーニーの各スクリーンに言及する。すべてのスクリーンをすべての人が部屋のどこからでも見ることができなければならない。それが無理な場合は、1度に1つのスクリーンを映すようにすれば、ショートカットなどを使って、用意したスライド集の画像の切り替えをするのが楽になる。

■ スクリーンごとの批評（スクリーンにつき10〜20分）

　全体の流れをざっとつかんだら、最初のスクリーンのウォークスルー〔プロジェクトのメンバーが集まって、プログラムの仕様や構成に問題がないか探したり解決策を討論したりする作業のこと〕を始める。全員に3色の付箋を渡し、以下の質問をする。質問ごとに色を変えて、1枚の付箋に答えを1つ書いてもらう。

- このスクリーンの変更できない要素は何か？（色1）
- このスクリーンの改善可能な要素は何か？（色2）
- このスクリーンから排除できる要素は何か？（色3）

　ディスカッションの前に、それぞれの答えをプロジェクションまたは紙のスクリーンに直接貼ってもらう（図8.6）。その後ファシリテーターは同じ回答をまとめ、「なぜ？」と問いながらそれぞれの質問を掘り下げて、貼られた答えについてグループ全体で検討していく。「なぜ？」は人々の関心を、実行の細かい手順ではなく対策を講じることが可能な問題に向かせるきっかけなのだ。

　必要に応じて「なぜ？」を繰り返す。ディスカッションで提起された実際の問題のリストをスクリーン別に作成する。ミーティングを通してそれらを集めて、別のホワイトボードや大きなイーゼル型付箋などに貼っておく。

図8.6　付箋を使ったウェブデザインについての批評。

■ 問題のレビューと優先順位づけ（15〜30分）

　問題のリストができたら、それぞれの相対的な重要性について議論する。最初に最も深刻な問題と最も深刻でない問題を取りあ

げる。そのあとで残りの問題にフォーカスし、どの問題を優先すべきかについて合意を得る。必要ならドット投票をしよう。最後に、多くの票を集めた問題を手始めに、それらの問題を解決するための取り組みに順番をつけていく。

　ここで紹介しているのは、批評のプランを立てる方法の1つだ。どの時点で批評が必要か、プロジェクトのどのミーティングで批評をするかを決めるのに、適切にデザインされた中間地点のミーティングに向かって「逆向きに考える」やり方もある。アダム・コナーが以下に紹介するのは、よくあるアジェンダではない。なぜミーティングが必要なのか、逆向きに考えるにはどうすればいいかを教えてくれる。

必要なのはどんなミーティングか

アダム・コナー
MAD*POW組織デザインおよび
トレーニング担当副社長、
『みんなではじめるデザイン批評』共著者

アダム・コナーはマサチューセッツ州西部に拠点を置くデザイナー、作家、イラストレーターだ。MAD*POWの組織デザインの責任者として、そのデザインスキルをチームの構築と、クリエイティブかつコラボレーティブで生産的なチームにするためのプロセスや構造の確立に注いでいる。

　部屋に漂う緊張感はあまりにも強烈で、目に見えそうなほどだった。そこにいたのは私の他にチームメイトとプロジェクトのステークホルダーが数名だけ。それ以外の参加者は、15分ほど早くワークショップセッションが終わると1人残らず帰ってしまった。私たちは次のステップについて話し合うのをためらっていた。ワークショップの成果が自分たちの目論見にはとうてい及ばぬものであることがこれ以上ないほど明白になったばかりだったからだ。

　クライアントはあらゆる手を使って、ことあるごとに全員が必ず出席するよう促していたし、私たちは丸1日分の時間とエネルギーを費やしていた。ワークショップの結果、すぐにプロトタイプの製作とユーザーテストに移れるアイデアを見きわめられると期待していた。だが、終わってみればその段階にはほど遠かった。

　あのワークショップを思い出すと今でも冷や汗をかく。私は仕事を始

めたばかりで、プロジェクトリーダーを務めるのもほとんど初めてだった。本音を言えば、あのあと1度もリーダーを任されることがなかったのはショックだ。しかしあれから私は、人々をまとめ、問題に効果的かつ効率的に取り組むにはどうすればいいかをしっかりと学んだ。そして、そのために重要なのは、ミーティングで出したい成果をまず明確にして、そこを出発点に現在やるべきことをさかのぼって考えていく方法だと知った。今ではこの「逆向き解決法」は私の仕事の進め方の核となり、自分と同じような問題に直面しているデザイナーや組織にもいつも勧めている。

逆向き解決法とは何か

　ワークショップやミーティングが、期待していたのとは違った結果に終わることがある。そのギャップを埋めるためにまたワークショップをしなければと思うかもしれないが、知っての通りそれは不可能だ。多くの人を集めるときはスケジュール調整の問題がつきものだからだ。あるいは、次回のワークショップの計画を立てるのに、どんな活動やトピックを組み込めばいいか自信がないという経験もあるかもしれない。長年にわたってそうした問題や不安を何とかしようと努めるなかで、私はワークショップやプロジェクトの各フェーズのプランを作るための逆向き解決法の習慣を身につけた。

　まず、ワークショップ終了後、チームがただちにできなければならないアクションを見きわめるところから始めよう。独りよがりにならないよう、特定されたアクションを他のメンバーやクライアントに確認する。目標に対する期待がバラバラな人たちとのワークショップは失敗すること請け合いだからだ。

　それから、それらのアクションを実行するためにチームがワークショップに求める情報や答えは何かを自問する。それがわかったら、再び質問からプロセスを繰り返し、すでに持っているプロジェクト情報にたどりつくまでさかのぼって、一連の必要な情報を明らかにしていく。

いつぞやの不毛なワークショップに
逆向き解決法を使ったら……

　前述のワークショップで私が知っていなければならなかったのは、ワークショップ後に講じるべきアクションはユーザビリティテストに使用する何らかのプロトタイプの製作だということだ。それを把握していれば、ワークショップの目的はチームに明確な方向性とある程度詳細なインターフェイスデザインを与えることにあるとわかっただろう。具体的に言うなら、ワークショップを通して最終的に知りたいのは、その後の調査で検討するユースケース／インタラクションの流れだった。そこを出発点にして必要な情報を突き詰めていくと、以下の通りになる。

- 明確な方向性を定めて詳細なデザインを構築するには、チームはインターフェイスのアイデアを検討し、議論し、選択する必要があるだろう。
- インターフェイスのアイデアを検討し、議論し、選択するには、掘り下げたいと思うユースケースのさまざまなアイデアを生み出す必要があるだろう。
- 特定のユースケースのインターフェイスのアイデアを生み出すには、考えられるユースケースを集めて、最も重要なものはどれかを決める必要があるだろう。

　このプロセスでおこなうのは、チームの現状とミーティング後にどうなりたいかのギャップ分析だ。必要な情報の流れを把握しておけば、各ステップでその情報を集め、意思決定をするのにふさわしい活動を選ぶことができる。ワークショップのプラン作成（あるいは実行中のワークショップのサニティチェック〔整合性や正当性、基本的なミスがないかの確認〕）のこうしたアプローチは、頭痛の種を大いに減らしてくれたし、クライアントの現実離れした期待を何とかしなければならない厄介な状況を乗り

切る力をくれた。デザインとは、具体的な目標を達成するために何かを作ることに他ならない。ミーティングやワークショップをデザインする第一歩としては、目標をスタート地点として必要な情報の流れに従うのがいちばんいい。

ワークショップをデザインする
(目的を問わず)

　ワークショップのデザインは、単純であり複雑でもある。基本は単純だ。まず、グループの人数に合わせて調整する、的確な質問を設計する、ふさわしいファシリテーションスタイルを選ぶなど、ミーティングデザインの原則を用いるのが正しい。原則を適用し、発散と収束の自然なディスカッションのパターンに従えば、どんなトピックまたは活動もグループワークショップに変えることができる。

　優れたワークショップのアジェンダが掲載された書籍はたくさんある。グレイ、ブラウン、マカヌフォの共著『ゲームストーミング─会議、チーム、プロジェクトを成功へと導く87のゲーム』、デビッド・シベット[*4]によるビジュアルワークショップに関する書籍など。ただし、効果的なワークショップをおこなうのに1つ1つの手順に従う必要はない。ここでは自分自身のワークショップアプローチを確立するためのシステムを紹介したい。最初に、克服したい問題を認識することから始めよう。

ワークショップの目標

　ジェームズ・マカヌフォは、前章で示したように、ワークショップの正しい目標は長期のリスクに対応すると同時に、多様な見解を取り入れなければ生まれないようなアイデアを作ることだと明言している。ということは、リスクを共有し見解を調和させるのが優れたワークショップだ。もう1つの目標は意思決定である。ワークショップの意思決定は、「何かをすべきか/すべきでないか」のシンプルな二者択一。あるいはもっと複雑なら、「どれくらいの労力をかけるべきか、その取り組みを誰に任せるか、いつまでに完了させるか?」の選択になる。

[*4] David Sibbet, Visual Teams (Hoboken, NJ: Wiley, 2011); David Sibbet, Visual Leaders (Hoboken, NJ: Wiley, 2012);『ビジュアル・ミーティング』デビッド・シベット 著、株式会社トライローグ 訳、朝日新聞出版、2013年

ワークショップの成果測定

　ワークショップの成果の測定方法も単純であり複雑である。ある意思決定がなされたか、なされなかったかを測定するのがいちばん単純だ。しかし、さらに込み入った意思決定を測定する方法はもっと複雑でしかるべきである。「ワークショップの成果をたった１人の功績にするのは難しい」。そう思えるなら、意思決定は複雑だったということだ。１人の出席者が議論を牛耳ると、多様な視点は反映されない。

　それぞれの人が発言する、何かを作る、他の人の話を聞く時間の長さに常に目を光らせよう。これら３つの活動のバランスを完璧に保つのは不可能だが、そうなるように後押しすべきだ。電話会議サービスには各参加者の発言時間の割合を教えてくれるものもある。

　「タイムボックス化」、つまり活動時間に制限を設けるのも、ワークショップでさまざまな意見に対処する方法の１つで、個人にもグループにも使うことができる。チームの活動に時間制限を与えれば、彼らはありふれたアイデアを無視して、望ましい大胆なアイデアにとりかかるようになるだろう。

ワークショップデザインのサンプルテンプレート（２時間〜２日）

　まず、ワークショップに何を期待するかを知るために、参加者に事前に聞いておく質問を決める。たとえば、現在のビジネスモデルは何で、より効果的なビジネスモデルは何かといったような質問だ。目指す意思決定のリストを作り、第７章「ミーティングはプロジェクトの第一歩」で説明したARCIモデルを使って、議論の場に多様な見解を提示できる出席者を選ぶ。似たような志向の人たちばかりでワークショップをしても意味がない。

> プレゼンテーションから始めるのは、ワークショップに協力的な雰囲気を作るには最悪だ。出席者が口を開くチャンスがないからだ。最初にミーティングに何を期待するか人々にたずね、出席者同士で話をさせて、彼らの参加が期待されていて重要であることを表明しよう。
> ——ジェームズ・ボックス
> 　（Clearleft Ltd UXディレクター）

　誰を出席させるか、何について意思決定するかが決まったら、出席者が時間をかけて解決すべき問題を突き止めるのに効果的な方法を考えよう。チームの文化や掘り下げる問題に適した活動を、以下の手順に沿って実行するといいだろう。

1．ワークショップの雰囲気を作る（30分〜1時間）
　人々は問題をどう感じているだろう。その問題は重要か。間違っていないか。間違っているとすれば、正しい問題は何か。

2．モチベーションを確立する（30分〜2時間）
　問題を解決する意欲があるのは誰か。彼らの意欲を高めるものは何か。問題になっているオーディエンスの把握に時間をかけよう。それらの意思決定は誰の役に立つか。コストはいくらかかるか。

3．答えを見つける（1〜3時間超）
　問題を解決できる可能性のあるすべての方法について考える。今の解決方法はどんなものか。今その方法が使われているのはなぜか。

4．今後に及ぼす影響を明らかにして議論を深める（30分〜1時間）
　問題の意味をさらに深く掘り下げる。ワークショップはより深い、より複雑な問題の兆候はないか監視する場になるかもしれない。そうした複雑な問題とは何か。根本的な原因と検討

中の問題はどういう関係にあるか。そうしているうちに「答えを見つける」段階に戻るかもしれないがかまわない。ただし、意思決定まで必ず終わらせること。

5．意思決定する（1〜2時間）

投票または情報収約手法を用いて全体の意思を最終決定し、記録する。ドット投票を使う、あるいは人々に選ばせるかして、何を残し何を捨てるかを決定する。それらの意思決定には、プロジェクトまたは組織の目標、ステップ、タスクに対する責任感などが反映されるかもしれない。決定事項は議論の背景を知らなくても理解できるよう正確に文書にまとめる。

覚えておこう

　本章で取りあげたアジェンダとその組み立て方は、プロジェクトの勢いを維持し、対立を有効に働かせるための方法を教えてくれる。中間地点のミーティングは最も難しいように思えるが、最も重要でもある。米国国立衛生研究所が実施した調査によると、簡単な週に1度のチェックインミーティングが、チームによる複雑な問題の解決の成功に直接関連があることがわかったという[*5]。プロジェクトの中間地点で定期的なミーティングをしなかったチームは、仕事の完了までに発生するトラブルの数が多かった。

- 中間地点のミーティングは、仕事に関する共通のビジョンを強固にし、信頼を確立するのに役立つ。

- 必ず生じるであろう予期せぬ問題を見きわめるには信頼が必要。

- 中間地点のミーティングは、仕事上の人間関係を左右する前提について考える重要な機会である。

- 1回のミーティングで終わらない、長期にわたって充実した人間関係を作ることが望ましい。

[*5] L. Michelle Bennett and Howard Gadlin, "Collaboration and Team Science: From Theory to Practice," Journal of Investigative Medicine 60, no. 5 (2012): 768–775. doi: 10.2310/JIM.0b013e318250871d

⑨ 最後のミーティングで一件落着

　後味の悪い結末も、時間をかけて自分の行動を顧みれば、次に生かすことができる。次回の取り組みをより効率のよい充実したものにするにはどうすればいいか。その答えは、プロジェクトをどのように完了させたか、なぜそのようなかたちで終わったかについての議論のなかで見つけ出すことができる。ただし、ひと筋縄ではいかないかもしれない。
　起きたことに正直に向き合うには、もっとうまくできたはずの要素を明らかにする必要がある。つまり、自分がミスをしたという事実を全員で共有するのだ。他の人の前で自分の間違いを認めるなんて、競争の厳しい職場で自ら攻撃の的になるようなもの。しかし、責任追及の代わりに問題解決にフォーカスするミーティングをデザインすることは可能だ。非難とは無縁の事後分析をおこなったEtsy（第6章「よりよいミーティングがよりよい組織を作る」参照）のように。
　プロジェクトの終了時にミーティングがおこなわれない理由の1つに、責められることへの不安がある。悪い評価を受けるのが怖いと思うのはもっともだ。それでも、チームがプロジェクトの芳しい結果に満

足していれば、生々しい傷の痛みもどこかに消える気がする。だがいずれにせよ、過去をきちんとふり返らなければ間違いは繰り返し起きる。

　ここでは、終了時の最も一般的なミーティングと、ニーズに合わせて変更できるアジェンダを紹介したい。仕事を締めくくるには、プロジェクトの最終的な製作物に影響を及ぼす最終品質保証テストの結果のレビューの他に、プロジェクト終了後の、将来の取り組みに焦点を当てる事後分析やレトロスペクティブといったさまざまな方法がある。7章、8章と同じように、本章でも各ミーティングの目標、評価方法、スターター向けアジェンダについて説明している。ミーティングに特定の順番があるわけではないし、すべて実行する必要もない。これだと思うものを見つけてニーズに合うよう調整してほしい。

ユーザー受け入れテスト（UAT）の欠陥ログレビュー

　ユーザー受け入れテスト（User Acceptance Testing：UAT）は、ソフトウェア開発プロジェクトにおいてバグ（欠陥）の発生を検知して対処するための方法だ。ソフトウェアの開発が完了してから発売されるまでのあいだに実行し、最後に、見つかった問題を「欠陥ログ」と呼ばれるリストにまとめる。ログにはテストの結果特定されたバグ、その相対的な深刻度（例：高、中、低）、バグを引き起こした原因についての説明、バグが報告された日付と修正された日付が記載される。

　完成したバッグログに書かれているのは当然すべて修正ずみのバグだろう。バグを残らずなくすことを目指し、どの欠陥に対処したかを検討するためにチームが集まってチェックインミーティングをすることもよくある。しかし、正直に言ってそのようなミーティングは、開発担当者やソフトウェアのテストアナリストが満たすべきニーズがないため、それほど意味はないのだ。ミーティングはバグのレビューにどんな価値をもたらすのだろうか。

UATの欠陥ログレビューの目標

　どんなソフトウェアプロジェクトも、エラーがなくスムーズに機能する製品をユーザーに発表するためにおこなう。そのためミーティングでは、うまくいかないままになっていることを明確にし、ソフトウェアのリリースまでにそれぞれの問題に対処する責任をしかるべき個人またはチームに割り当てなければならない。
　だが、「うまく機能する」の意味にはグレーゾーンがある。たとえば、完璧で機能的なイベント登録方法をデザインできたとしよう。プロセスのどの段階でもエラーは発生しないのに、ステップの数が多すぎる、またはラベルづけが曖昧なせいで、実は紛らわしくて面倒なやり方だということがわかるかもしれない。ミーティングは「うまく機能する」の定義についての理解を同じくするためにあるのだ。
　加えて、開発担当者とそれ以外の人々を混ぜこぜにして欠陥ログのディスカッションをすると、予定外の変更を余儀なくされるリスクがある。「うまくいかないこと」の定義は人それぞれ違うだろうから、まずはテストの意図を再確認するところから始めるのが確実だ。狙いは、間違ったコードをなくすことか。ユーザーエクスペリエンス全体を向上させようとしているのか。それともその両方か。冒頭でテストの意図を伝えておけば、それに沿わない話の脱線は起きないだろう。「うまくいかないこと」とは何かについて、多くの人が共通の理解を持つのにも役立つ。
　とはいえ、テストの意図には合わなくても筋の通った問題を無視するべきではない。そうした問題を「延期」のカテゴリーに分類してパーキングロットを作ろう。これで最終的な欠陥ログレビューの目標はさらに複雑になる。1つは、どの問題に対処するか、誰が対処するかを明らかにすること。もう1つは、問題の対処が延期される根拠とその問題に（いつ）どう対処するかを記録する方法を見つけることだ。効果的なUATミーティングは、デザインのイテレーションループを終わらせて、ソフトウェア開発の取り組みの今後のロードマップを定めることができる。

UATの欠陥ログレビューの成果測定

　一連の欠陥ログレビューのためのミーティングでは、2つのリストが作られる。1つは各レビューの最初に特定されるソフトウェアの欠陥リスト。開発チームは欠陥を解決していくので、UATの欠陥ログミーティングのたびにリストに書かれた欠陥の数は減っていき、最終的にはゼロになるはずだ。数が減らないとすれば、ミーティングでその責任がうまく伝わっていないことになる。

　2つ目は延期された欠陥のリストだ。このリストに含める欠陥の数は最小限に抑え、内容をきちんと文書にまとめなければならない。欠陥の説明が詳しいほど、ミーティングの質は高くなるだろう。欠陥ログレビューがうまくいけば、対応していない複雑な欠陥、延期される可能性の高い欠陥など、必要に応じてリストが作られる。

UAT欠陥ログレビューのサンプルアジェンダ（20分〜1時間）

　欠陥ログは、構造がきっちり決まった（願わくは）有限のリストで、スプレッドシートやホワイトボードなどの大きなグリッド上で視覚化が可能だ（図9.1）。横の列には個々の欠陥を、縦の行にはデータポイント（検知された日付、深刻度、説明など）を記載する。ミーティングのたびに印刷したアジェンダを送付する代わりに、ログを大

図9.1　ディスカッションに使用される、視覚化したUAT欠陥ログ。このような図を中心にUATミーティングを実施する。

きく可視化して毎回使用するといい。ミーティングの最初と最後にログの写真を写せば、バグのステータスの変化やログに追加されたバグを確認することができる。

■ テストの意図を再確認する（5分）
　ミーティングを始める前に現在のログを写真に収める。テストの意図に再び言及し、バグとはどんなものか、どんなものでないかを例をあげて説明しよう。チームが提起した質問をすべてチェックするのだが、特にテストの狙いから外れた欠陥はないか確認する。チームが検出した欠陥をこれから対処すべき欠陥の候補として、可視化したログに記録する。

■ 欠陥ステータスの更新（20～50分）
　新たに見つかったものを含め、バグのステータスに更新はないか開発担当者に話を聞き、既存のバグを変更するか、新しいバグを追加する。バグのステータスは生きていて、常に変化しているため、消すことができるホワイトボードに書くか、自由にはがせる付箋を使うことが必須だ。これで、頻繁に内容を移動させたり、表現を変えたり、追加したり、取り除いたりできる。
　UATミーティングのディスカッションのファシリテーション方法は2つある。最初のアプローチは、アナリスト／テスト担当者に新しいバグまたはステータスの変更をリストアップさせ、開発担当者にそれぞれのバグについて質問する機会を与える。あるいは、もっといいのは、アナリストに新しいバグまたは更新されたバグのステータスを1つ報告させ、開発担当者と他のアナリストにそれに対する対応を掘り下げてもらうというやり方だ。1つ終わったらまた別のアナリストがバグを報告する。できるだけ多くの人にバグの報告をさせて、チームのフォーカスが狭まらないようにするのだ。さらに、同じ人ばかり話すせいで議論が単調になるのも防げる。

次のような流れで進めるといいだろう。

1．アナリスト１：欠陥１を報告する。
2．開発担当者と他のアナリストが欠陥１について議論する。
3．欠陥に担当者を割り当てるか、対応を延期する。
4．それが延期された欠陥である場合は、以前延期されたときの文脈で議論する。
5．アナリスト２：欠陥２について報告する。
6．開発担当者と他のアナリストが欠陥２について議論する。

　全部のバグの報告と議論が終わるまで、アナリスト１名が１つずつ順番に報告する。バグの数によってはアナリスト１に再び順番が回ってくる場合もある。

■ 最終的な意思決定を見直し、更新されたログを記録する（5分）
　延期された欠陥を見直す。ファシリテーターは、延期の意思決定をした議論の内容を必ず考慮すること。深刻度の最も高い欠陥から順にそれぞれの担当者を選ぶ。すべて完了したことに全員が納得したら、最新の欠陥ログを写真に収めて配布する。

アジャイル式レトロスペクティブ
（ふり返り）

　アジャイル手法では、スプリントの最後に「レトロスペクティブ」と呼ばれるミーティングを実施する。アジャイル手法の他のミーティングと同様に、レトロスペクティブにも目的とそれに従った手順がある。チームのメンバー同士がなじんでくるにつれて、その手順を自分流に解釈しようとしがちだ。

アジャイルのレトロスペクティブの時間は短く、そのなかで人々は前回のスプリントで知った情報を次の3つのカテゴリーに分類する。1）これから取り入れたい新しいアプローチ、2）やり続けること、3）今後はやらないこと。以下の例でレトロスペクティブ（レトロ）を運営するための基本を紹介しよう。エスター・ダービー、ダイアナ・ラーセンの『アジャイルレトロスペクティブズ　強いチームを育てる「ふりかえり」の手引き』[*1]が参考になる。

レトロスペクティブによって、アジャイル手法が約束する反復的な改善プロセスは終了する。レトロはチームが自らの経験から学び進化する助けになる。複数のスプリントにまたがって、扱う製品やプロセスにプラスの変化を起こしてチームの成長能力を高めるのだ。

アジャイル式レトロスペクティブの目標

レトロスペクティブはチームの成長をサポートするものでなくてはいけない。悪戦苦闘しているチームは、互いの理解を深め、プロセスのギャップを明らかにして、より効果的な仕事のやり方を見つけるためにこのミーティングを活用する。うまく機能しているチームは、レトロスペクティブでその経験を文書にまとめ、繰り返し成功を実現できるようにする。レトロスペクティブの役割は広がっていて、新しいアイデアを考案し今後のイテレーションでのテストにつなげる機会にもなっている。

アジャイル式レトロスペクティブの成果測定

レトロスペクティブの成果は、前回のレトロスペクティブとの関連によって測定できる。複数のスプリントに及ぶプロセスの有効な変化を特定の指標で表し、その後のスプリントで追跡管理しなければならない。前のレトロで新しい作業アプローチを見つけたとする。今回のスプリン

[*1] 『アジャイルレトロスペクティブズ　強いチームを育てる「ふりかえり」の手引き』エスター・ダービー、ダイアナ・ラーセン 著、角征典訳、オーム社、2007年

トの成果を、前に議論して決めた期待される成果（目標）で割れば、現在のスプリントでどれくらい向上したかを測定することができる。

　例をあげて説明しよう。前回のレトロでは、モバイルアプリのサインイン・プロセスのデザインの見直しによって、サインインの失敗の半分は解消されるはずだとの結論に達した。もし目標が50％で、スプリント中に実際に減少したのが40％とすれば、40÷50＝80％が過去のレトロスペクティブで特定された変化の有効度になる。このように、主観性を排除できるのがアジャイル手法アプローチの長所の１つだ。前のレトロで考えられたアイデアがよいものかどうかに疑問の余地はほとんどない。レトロをうまくやれば、次のスプリントで目標を満たす、または上回る成果をあげることができる。頼りないレトロではそうはいかないが。

アジャイル式レトロスペクティブのサンプルアジェンダ（40～60分）

■ 前回のレトロスペクティブで明らかになった目標について考える（10分、任意）

　これが初のレトロスペクティブという人は、最初のスプリントを乗り切ったのだ。おめでとう！　そういう人にはこのステップは関係ない。それ以外の人たちは、前回のレトロスペクティブからの行動変化として表れる１つ１つの目標について議論しよう。前述の割算方式で結果をレビューし、行動の変化である目標に届かなかったか、目標を満たしたか、目標を上回ったかを判断する。数字はそれぞれ、100％未満、100％、100％超になるはずだ。

■ 個々の問題と変化のリストを作る（10～20分）

　前回のスプリント中に遭遇した問題を全員に書いてもらう。それぞれが問題に対処するなかでどんな変更を試したかを書き出して、その効果を測定する方法を見つけるよう指示する。５分程度

ですべて書き終えたら、全員で共有する。1度に1つずつ発表させ、他の人のアイデアを聞きながら、自分自身のアイデアを見直したり修正したりできるようにする。こうしたアイデアの共有にさらに5〜10分かかる。

- ■ チーム／システムの変化について議論する（10〜20分）

書く作業に戻り、アイデア創出と考察のループを続ける。すべての人に、仕事に対するチームのアプローチをどう変えたいかを、アイデア1つにつき付箋を1枚使って書いてもらう。ただし、ここではすぐに各自でアイデアと成果の測定方法の関連づけはしない。各々のアイデアを、なぜそのように変えたいと思うのかという根拠とともに全員で共有し、それぞれに適した測定方法を全員で話し合う。場合によっては1つのアイデアに複数の測定方法を引き出す必要があるかもしれない。システム全般、チーム全体に関わる変化は複数の方法で測定される可能性があるからだ。それらすべてを検討したうえで、全員が納得する（各アイデアの）主要業績評価指標（KPI）としての1つの測定方法を決定する。必要ならば、ドット投票をおこなって意見の対立を解消する。

- ■ 成功をたたえ、期待を確認する（10分）

前回のレトロスペクティブをもとに立てた目標を満たしたか上回った、個人とチーム全体の変化の1つ1つについて考え、共有する。ファシリテーターを務める人は、目標を上回る結果を出せた理由に重点を置くよう出席者を促そう。目標設定がよかったのかもしれないし、目標が簡単すぎたのかもしれない。後者の場合は、目標をもっと厳しくするべきかについても議論する。スプリントを成功に導いた質の高い作業にスポットライトを当てて終わりにしよう。

事後分析

　事後分析は、チームがプロジェクトでいい仕事ができたかどうかを評価する機会だ。事後分析はアジャイル式のレトロスペクティブよりも長く、さまざまな形式をとることができる。事後分析はやりたくないとかたいへんだとか言われているのには、3つの理由がある。

　第1に、事後分析がうさんくさく思えるのは、レトロスペクティブの目的とは異なり、議論されているプロジェクトに変更を加えることができないからだ。その名の通り、事後分析とはすでに起きた何かを検討することなのだ。第2に、事後分析には明白なディペンデンシーがない。つまり、事後分析がおこなわれるのを待つものがプロジェクトのなかに何ひとつないのである。過去のプロジェクトを事後分析で話し合わなくても、新しいプロジェクトを始めることはできるので、スケジュールを確保しようという気が起きない。第3に、事後分析はよく何の効果もないと批判される。それでは誰にとっても最悪だ。

　こうした問題はあるものの、過去をふり返った率直な話し合いはプラスの結果をもたらしうる。定期的に事後分析をするチームは、ワークフローをはるかに容易に理解し、試し、向上させることができるのだ。事後分析の議論は、よくある問題の発生を予期し、発生したときにはより効果的な対処をするのに役立つ。プロセスのなかで難しかった要素をもう1度見直してみることで、チームメンバーは今後の制約をさらに現実的に理解できる。協力して成し遂げたこと、勝利、欠点、争いなどを厳しく反省することほど信頼を構築できるものはない。

事後分析の目標

　事後分析は、過去の何かを明らかにして、将来役立つ情報を引き出さなければならない。そのため、過去より未来に多くの時間を投じるアジェンダを作るほうがいい。つい記憶を頼りに過去の出来事を逐一話したくなるが、それをすれば非難を浴びるだろう。事後分析は未来に

フォーカスして、「どうすれば進化できるか？」の答えを見つける場であるべきだ。未来に目を向け、過去のマイナス面ばかりを掘り下げるのはよそう。未来と過去、そしてポジティブとネガティブをいいあんばいに調整するのがファシリテーターの務めだ。

事後分析の成果測定

　事後分析がうまくいくと、実行可能なインサイトが得られる。しかし、それをもとにあなたやチームのメンバーが行動を起こせないのなら、時間を有効に使ったとは言えない。そうしたインサイトを活用する方法はいくつかあるが、個人とチームの両方の改善できる要素を一覧にして、議論しながら全員で見られるようにするのがいちばん簡単だ。

　そのリストこそが事後分析の価値なのだ。改善できたと思われる要素を1つも特定できていない人には、もっと考えるよう促す。ファシリテーターは、メンバー全員から改善できる要素を引き出すべきであって、プロジェクトの問題に直接関わりがあるとみなされる人々だけに注目してはいけない（図9.2）。

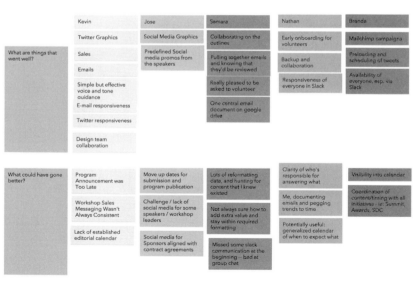

図9.2　うまくいったこととうまくいかなかったことをバランスよく示した、事後分析の結果。

事後分析ミーティングのサンプルアジェンダ（1〜2時間）

　ホワイトボードまたは壁を使い、下に出席者の名前を横一列に書く。右下にチームまたは部門の名前を書いてスペースを確保する（図9.3）。

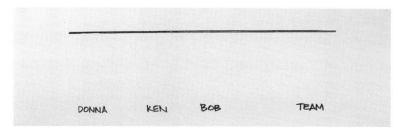

図9.3　事後分析の前に用意するチャート

■ いちばんうまくいったことのリストを作る（10〜15分）

　チームで協力しながら、それぞれの人が思うプロジェクトのよかったところを集めてリストを作成する。「なぜ」それを好きなのかは（まだ）聞かない。それぞれに仕事のどんな点を楽しんだか考えるように言い、気に入った要素を選んでもらう。それを1つずつ、

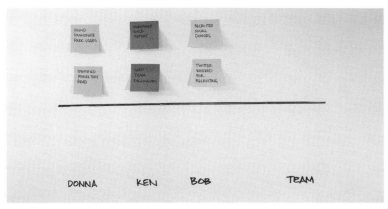

図9.4　いちばんよかったことを横線の上のスペースに貼る。

ボードの中央に引いた横線の上に貼って記録する（図9.4）。

■ いちばんよかったことについて議論する（15〜30分）

　リストにあがったそれぞれのアイテムに目を通し、それらがうまくいった理由を考えさせる。アイテムを提示した人以外からもさまざまな意見を集めるようにする。場合によっては、同じことをいいと思う人がいれば、悪いと思う人もいると気づくだろう。

　たとえば、プロジェクトマネージャーはプロジェクトが予定より早く終了し、コストの節約になったと思っているのに対し、開発担当者は急かされたように感じていたかもしれない。そうした矛盾を見つけて掘り下げることには価値があるので、建設的な衝突を敬遠するのはよそう。それによりチーム全体に互いのやり方に対する共感も生まれる。誰かがプラスと判断した要素に他の人がマイナスの意見を述べたときは、その意見を横線の下、マイナス評価を下した人の名前の上に貼る（図9.5）。

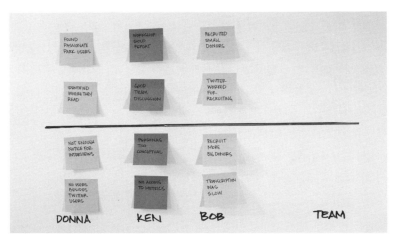

図9.5　マイナスの意見が出たら、横線の下に貼る。

■ もう少しうまくやれていたと思うことは何か？（15〜30分）

　責任の追及が始まりがちなのはここだ。できれば出席者には、問題を招いた「人」ではなく「プロセス」について説明するよう促して、ディスカッションが非難の応酬になるのを防ぐ。問題を起こすプロセスまたは成果が明らかになったら、それを指摘した人の名前の上に貼る（図9.6）。

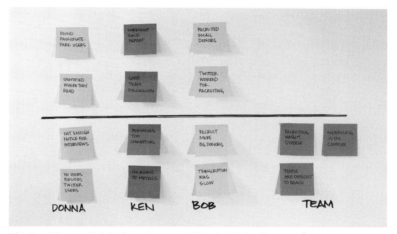

図9.6　バランスのとれたディスカッションがおこなわれた、完了したプロジェクトについての事後分析。新たに明らかになった問題は横線の下に貼られている。

■ 実行可能なインサイトを記録する（20〜45分）

　ミーティングの最後に、プラス、マイナスそれぞれの意見について検討する。テーブルを回りながら出席者1人1人に、横線の下に貼られたマイナスの意見に対処するために何ができたかたずねる。それぞれが自分の考えを記録してもいいし、誰かが全員に見えるように記録してもいい。建設的な事後分析でプロジェクトを締めくくったら、非建設的だが楽しいパーティーを開いてお祝いしよう！

　レトロスペクティブや事後分析などの終了時のミーティングで

も、中間地点のミーティングと同じように、意見の対立は当然発生するだろう。ただ、終了時の衝突は不安が大きいかもしれない。個人の仕事、いやアイデンティティがかかっているような気がするからだ。そんなときは、最後のディスカッションを乗り切るのに便利なツール、非暴力コミュニケーション（NVC）を使ってみるといい。ベン・ザウエルが、どうやってNVCを学んだか、NVCが彼のファシリテーション・アプローチをどう変えたかを説明してくれる。

緊迫した意見の対立を
非暴力コミュニケーションで切り抜ける

ベン・ザウエル
Clearleft Ltd UXデザイナー兼ストラテジスト

ベン・ザウエルは、英国ブライトンにあるClearleft社のシニアデザイナー。かつてThe Escape Committeeでディレクターを務めた。人々にとってわかりやすいデジタルプロダクトを作り、組織が人々の必要とするものづくりの能力を向上させる手助けをしている。

　以前私は、古い組織に新しいビジョンを打ち立てるための戦略的な社員研修に協力する仕事を請け負ったことがある。リスクは大きかった。その会社がどこに向かおうとしているか本当にわかっている人は1人もおらず、私たちは3日の研修期間中に一致団結して何かを叩き壊そうと考えていた。2日目に、エリックという幹部社員が見るからに動揺し始め、多くを語らずにグループを離れた。
　私は混乱し、失望した。私は彼の行動についての自分なりの分析を押しつけたりせずに、その人がどう感じているのか思いを巡らせた。何を必要とし、何を求めていたのだろう。きっと彼は憤慨し、いら立ち、がっかりしたのだ。自分の話を聞いてもらいたかったのかもしれない。もっと迅速にものごとを進めてほしかったのかもしれない。彼にはしばらく冷静になる時間を与えた。それから彼のもとへ行き、きわめて穏やかに「かなり不満をお持ちのようですね。私たちにできることはありませ

んか?」とたずねた。

　自分のことを気にかけてくれる人が現れて、彼は安心したようだ。彼はこれまでの進捗レベルに満足しておらず、別のアプローチを試せないか知りたいという。まず彼の話を聞いて、新しいアプローチについて話し合った。その後彼はグループに戻り研修を終えた。

　誰かが怒って部屋を出て行ったときに、自分が下しがちな判断について考えてみよう。自分の意見を口に出したら、問題は解決するだろうか。伝えなければ、自分の心のなかの判断は他の人とうまく仕事をする能力に影響を及ぼさないのだろうか。

　ミーティングで衝突が起きたとき、自分自身や相手を責めるのはよくあること。「罠だ!」　これはアクバー提督〔映画『スターウォーズ』の登場人物の1人〕の不滅のセリフだ。非難を聞き流せば丸くおさまり、相手も満足する。そうでなければ、話し合いは難しくなり、仕事上の人間関係の対立はさらに深刻化する。そんな罠から逃れるのに役立つのが、非暴力コミュニケーションなのだ。

非暴力コミュニケーションとは何か

　対立に対処する正式な方法を学んだ人はあまりいない。非暴力コミュニケーション（Nonviolent Communication：NVC）は、めちゃくちゃな非難の応酬に終始することなく、共通のより深い理解を生み出すための正式な方法だ。和平交渉にも用いられている。みなさんは「自分のコミュニケーションは暴力的ではない」と思っているかもしれない。マーシャル・ローゼンバーグ〔NVCを提唱した米国の心理学者〕も「非暴力コミュニケーション」という名称ではそのコンセプトがうまく伝わらないかもしれないと認めている!　私が個人的にNVCに遭遇したのは、あるクライアントから否定的なフィードバックを受けたあとだ。製品の方向性を巡る争いで私たちは互いに譲らず、私はなぜ自分が考えの異なる人との関係に苦労するのだろうと思うようになった。私たちは、丁寧に反対意見を述べ、互いの考え方を理解できてしかるべきではないのだろうか。

ローゼンバーグはまた、互いの話に耳を傾けるのを妨げるものは何かを考えた。彼の答えは、他者と関わりを持つための哲学であり、確執のなかで意思の疎通を図るための実践的なテクニックでもある。ローゼンバーグは、「他者の行動は、感情の刺激にはなっても原因にはならない」と結論づけた。

　もしかしたら自分のまわりにも、それをすでに体現している人がいるかもしれない。常に冷静で思慮分別があり、他の人がどんな行動をとろうと動じない人だ。他のコミュニケーションテクニックとは違って、NVCの暗黙の目標は修復でも説得でもない。ただ1つの目的は、理解を円滑にすることだ。また、すべての参加者がそのテクニックを知る必要もない。たとえ使うのがあなた1人だとしても、NVCは力になる。

非暴力コミュニケーションの実践方法

　NVCの基本スキルは2つ。自分の感情を伝えることと、他者の話を聞くことだ。

　自分の感情を伝えるのは、相手を非難せずその人にあなたをよく理解してもらうためである。たとえば職場でちょっとしたもめごとに巻き込まれたとしよう。あなたの淹れたカフェインレスコーヒーを誰かが飲んでしまった。NVCに従って自分の感情を伝える4つのステップは以下の通り。

- **決めつけずに見たままを伝える。**「あなたがコーヒーを盗んだとき」よりも「あなたが私のデカフェを飲んでいるのを見たとき」と言うほうがいい。
- **感情の原因ではなく感情そのものに言及する。**「あなたはわざと私をイライラさせている」よりも「私はイライラしている」と言うほうがいい。
- **普遍的な人間のニーズの話をする。**「それは私のコーヒーです」よりも「ちょっと考えてみてください」のほうが適切。

・ネガティブな要求ではなく、明確でポジティブな要請をする。「飲まないでください」よりも「飲みたいときは声をかけてもらえますか？」のほうが建設的だ。

　他の人の話を聞くのも根本的には同じだが、会話を組み立てるのに決まったルールはない。耳を傾けるのは、他の当事者の考えを確認するためだ。感情と行動の両面で他者を正しく理解すれば、彼らはたいてい明らかに安堵する。「私がコーヒーを飲むのを見たとき、気分を害しましたか？　私に（コーヒーを飲むか）聞いてくれればいいのにと思いましたか？」のように言うといいだろう。

　NVCのやり方を学ぶのは、はじめは難しいかもしれない。いつもよりも攻撃を受けやすい状況に自分を置かなければならないからだ。NVCが公式に提供している事例を試そうとすると、いささかぎこちない感じがするだろうが、練習すればもっと自然にできるようになるはずだ。会話のアプローチのしかたがなぜ違うのか誰かに聞かれない限り、NVCを実践していることは黙っていよう。何度か実際に使ってみて、私はNVCにはやるだけの価値があることを知った。今では話をしながら相手の感情やニーズを見きわめるのが習慣になりつつある。NVCは世界を見るための新しい複雑な方法で、私の人間関係のすべてによい影響を与えてくれた。詳しい情報を知りたい方は、マーシャル・ローゼンバーグの『NVC 人と人との関係にいのちを吹き込む法　新版』をチェックしよう[*2]。

[*2]　『NVC 人と人との関係にいのちを吹き込む法　新版』マーシャル・B・ローゼンバーグ 著、安納献 監訳、小川敏子 訳、日本経済新聞出版社、2018年

覚えておこう

- プロジェクト終了時のミーティングでは、互いに批判的な目を向けたくなる可能性がある。そうしたミーティングを責任追及の場にしないためには、プラスの成果とマイナスの結果の両方をバランスよく考察しなければならない。

- マイナスの結果についてのディスカッションでは、人ではなくプロセスにフォーカスすること。

- マイナスの結果を特定するだけでは十分ではない。ただミーティングを進めればいいだけでなく、今後違ったやり方ができそうなことを明らかにする。

おわりに

　時間は貴重だ。その貴重な時間を、本書を読んでミーティングを向上させるために使ってくれてありがとう。ここに紹介されたアイデアを活用して、人が集まってどう時間を使うべきかをよく考えてほしい。そうすれば、考え方のギャップを見きわめ、どこまで詳細な議論が必要かを特定し、やみくもに行動するのをやめて、ミーティングが期待する役割を果たせるような慎重な選択をすることへと意識を向けられるだろう。

　だが、ミーティングの意義とそれを改善するのに求められるしかるべき行動の変化に対する組織の自覚は、ウイルス並みのスピードで広がるわけではない。変化はゆっくりと起きる。組織が大きければ、遅々として進まない可能性もある。きっと無力感を覚えるだろう。会議にも、チームにも、会社にも。そう感じるのは問題ないが、その気持ちにとらわれていてはいけない。感情を質問に変えて、会議が本筋からそれないよう戦略的に投げかけていこう。うまくいかなくても、ゆっくりとした進化をよりよいコラボレーションに変えるきっかけにはなる。

　惨憺たるミーティングのなかにあっても、積極的なアーキテクトとして、よりよいミーティングのデザインを組織に教えよう。思わしくない状況で発揮される生産的なアプローチは、厄介なミーティングに備えて用意することができる最も強力な長期保険なのだ。

索引

― ABC

- 5つのコンセプトグループ 71-75
- 6と90ルール 77,79
- Adaptive Path 124,125
- 『Agile Software Development:
  Principles, Patterns, and Practices』 208
- ARCIマトリクス 192,193,232
- Boardthing 99
- Etsy 153,154,236
- 『Facilitator's Guide to Participatory
  Decision-Making』 99,100
- Google、発言時間の制限 30
- 『How to Make Meetings Work』 92,93
- KJ法 177-179
- 『Lean UX―アジャイルなチームによる
  プロダクト開発』 196
- MailChimp 144
- 『NVC 人と人との関係にいのちを吹き込む法
  新版』 254
- OKRミーティング 180-186
  - サンプルアジェンダ 182-186
  - 成果測定 181-182
  - 定義 180
  - 目標 181
- Robert C. Martin 208
- R・H・ロジー 57,58

― あ

- アーロン・イリザリー 139,140
- アーロン・ウォルター 144,145
- アーロン・パークニング 145,146
- アイデア
  - 5つのコンセプトグループ 71-75
  - アジェンダ作成の核となる3つの要素 65
  - 時間に応じて数を決める 70,71
  - 発散思考と収束思考 100
  - 人をグループに分けたときの移動 76-80
  - ミーティングにおける適度に
    複雑なコンセプト 65,66
- アイデアのパターン認識 76
- アイデアをホワイトボードに書く 54
- アクションアイテム 36
- アジェンダ
  - 枝分かれ型 119-120
  - アジェンダの作成 62-86
    - 5つのコンセプトグループ 71-75
    - アイデアの数 65-66
    - アジェンダの計算 75-80,82
    - 核となる3つの要素 65
    - 合意点モデル 66-68,78-79
    - 時間の長さに合わせて
      アイデアの数を決める 70-71
    - 適度に複雑なコンセプト 66,78-79
    - 人数 65-68
    - 発散思考と収束思考による
      ファシリテーション 101-102
  - 人をグループに分けたときの
    アイデアの移動 76-80
  - ミーティングのコスト 80-81
  - ミーティングの脱線 62-65
  - ミーティング前のインタビュー 69-70
- アジャイル開発プロセス、視程 207-208
- アジャイル式デイリースクラム 208-212
  - サンプルアジェンダ 168-169
  - 成果測定 166-168
  - 目標 165-166
- アジャイル式レトロスペクティブ 194-197
  - サンプルアジェンダ 211-212
  - 成果測定 209-210
  - 目標 208-209
- 『アジャイルレトロスペクティブズ
  強いチームを育てる「ふりかえり」の手引き』 ... 242
- アダム・コナー 90, 226,227-230
- アメリカ合衆国ホロコースト記念博物館の
  ミーティング 77,79-80
- アラン・バドリー 40,57
- アリソン・ビーティー 219
- イーサン・マルコッテ 150
- 意見の対立を乗り切るためのファシリテーション
  - 定義 92,93
  - 話し合いのパターンの 99-102
  - ファシリテーターの指名 96-97
  - 役割 92-96
  - よくある失敗を防ぐ 94-96
  - リモートミーティングにおける 97-99
- インタビューの記録、許可 169
- インポスター症候群 47
- エイミー・メイ・ロバーツ 57
- 枝分かれ型アジェンダ 119-120
- エスター・ダービー 242
- エドガー・シャイン 112-113,134
- エドワード・タフト 74
- エドワード・デボノ 189
- エリス・キース 113
- エレン・デブリーズ 47,57
- 延期された問題 238,241

― か

- 会議の書記(scribe) 54-56
  - 正式な記録係(public recorder)
    との比較 94-95
- 『描いて売り込め！ 超ビジュアルシンキング』 127
- カウントダウン用の時計 30-31
- 学習モード 53
- 各出席者の発言時間を制限 30,232
  - リモートミーティングの
    ファシリテーション 98-99
- 仮説のデザイン・エクササイズ 196-198
- 価値観にふさわしい行動 142
- 「カバーストーリー」アクティビティ 128
- カレン・マクグレン 148,149-152,161
- 川喜田二郎 177

索引 257

感情を明らかにする質問	113-114, 116
かんばんボード	209-211
記憶	→脳を参照
4つのステージ	38
記憶ステージの長さ、	
ミーティングの持続時間との比較	43-44
グループ記憶、正式な記録係	95, 97
作業記憶	39-41, 60
中期記憶	41-44, 60
ミーティングの制約	37-38
聞くこと	
学習に必要なエネルギー	46-48
セールスミーティング	165-166
脳のインプットモード	44-48, 53
ビジュアル・リスニング	53-56
議事録	54-56
期待、インタビューによるリサーチ	190-191
キックオフミーティング	160-162, 168
逆向き解決法	228-230
キャリー・ヘイン	22
協業先	192
ギルズ・コルボーン	165-167
クイックオフミーティング	171-175
サンプルアジェンダ	172-175
成果の測定	172
目標	171
空間情報／思考	126-127
腐ったリンゴ理論	154
クライアントとコンサルタントの意見の対立	90-91
グラハム・ヒッチ	40
グラフィック・ゲームプラン	122-123
グループ記憶、正式な記録係	95, 97
グループに分ける	79-80, 85-86
ケイト・ラター	77, 123, 124-127
『ゲームストーミング―会議、チーム、プロジェクトを成功へと導く87のゲーム』	128, 187, 231
欠陥ログ	237, 239
謙虚な問いかけ	112-113, 134
現在のブランドとブランドの理想像の比較	110-111
研修、組織的	207
合意点モデル	66-68, 77-79
講義	
時間に応じてアイデアの数を決める	70-71
脳のインプットモードとしての聞くこと	45-46
行動を明らかにする質問	114-115, 116
ゴールデンチケット	201-202
『ごく平凡な記憶力の私が1年で全米記憶力チャンピオンになれた理由』	38, 53
ことばによるファシリテーション	122
コミュニケーション	
情報の、非同期型と同期型	26, 45
非言語	98
非暴力	250, 251-254
コンテクストマップ	121
コンフォートゾーン	69

― さ	
作業記憶	39-41, 60
時間の長さに合わせて	
アイデアの数を決める	70-71
聴覚と視覚を組み合わせる	40-41
〜のモデル	40
ザ・グローブ・コンサルタンツ・インターナショナル	121, 123, 124
サニー・ブラウン	120, 126, 128, 187, 200, 231
サマンサ・ソーマ	131-132
サム・カナー	99-100
サラ・B・ネルソン	102, 103-107
ジェームズ・ボックス	57, 233
ジェームズ・マカヌフォ	64, 77, 128, 187-189, 231
ジェシー・タガート	147-148
ジェフ・ゴーセルフ	8-10, 196
ジェレミー・ライトスミス	215
仕掛かり作業の制限（WIP制限）	210, 211
視覚化（ビジュアライゼーション）	
OKRミーティングにおける	181, 184, 185
UAT欠陥ログレビューにおける	239
革新的なやり方	147
クイックオフミーティングにおける	173, 174
事後分析における	247, 248, 249
スクラムミーティングにおける	210, 211
脳のインプットモードとして	53-56
批評における	225
ブレインストーミングセッションで	178, 179
プロジェクトキックオフワークショップにおける	191, 194-197, 199, 200, 202
リーンコーヒーチェックインにおける	216, 217
時間	
アジェンダ作成の核となる要素	65
ミーティングの時間の長さに合わせて	
アイデアの数を決める	70-71, 75, 85-86
視空間スケッチパッド	57
事後分析	245-250
サンプルアジェンダ	247-250
成果測定	246
非の打ちどころのない	153, 236
目標	245-246
脂質、健康的	51, 60
システムを明らかにする質問	115, 116
事前インタビュー	69-70
事前ミーティング	69-70, 132, 168-169
実行責任者	192
失敗から学ぶ	153-154
質問のカテゴリー	112-117, 134
感情を明らかにする	113-114
行動を明らかにする	114-115
システムを明らかにする	115
動機を明らかにする	114
視程	207
自動運転	30
シドニー・デッカー	154
ジム・ヘンソン	215

258

ジャレッド・スプール..................................33,141-142
習慣...32
収束思考...92,100-102,108
週に1度のプロジェクトチェックイン......212-215, 235
　　サンプルアジェンダ..............................214-215
　　成果測定..213-214
　　目標..212-213
重要度とフィージビリティの
マトリクス....................................191,194,196
終了時のミーティング................................236-255
　　UAT欠陥ログレビュー..........................237-241
　　事後分析..245-250
　　非の打ちどころのない事後分析...........153,236
　　レトロスペクティブ..............................241-244
ジャック・ウェルチ..133
情報
　　適度に複雑なコンセプト............................66
　　非同期型コミュニケーション.................26,45
情報のサイロ...144-145,147
情報の提示スピード、情報が提示されるペース
　　...39,72,75
情報の同期型コミュニケーション..........................45
情報を「オンデマンド」化...................................26
ジョージ・ミラー...71
書記..54-55
ジョシュ・セイデン...196
ジョシュア・フォア.......................................53,54
ジョン・オルズポウ...153
水平思考...188-189
スクラム..208
スクラムマスター..211-212
スクリーンデザインについての批評.........224-226
スケジュール管理ソフト..........................46,65,68
スケッチ...56,120,198-202
スタートアップ..141
スタッフ・ミーティング..................................142
スタンドアップ..207
ステークホルダー
　　アップデートミーティング......................213
　　エグゼクティブの気まぐれ........................145
　　チェックインにおける..............................213
ステークホルダー・インタビュー.............168-170
　　サンプルアジェンダ..............................169-170
　　成果測定..168-169
　　目標..168
ステータスミーティング..................................207
ストーリー..221-222
スピーキング・ファシリテーション.............122
スプリント..207
スペース・フィリング・ファシリテーション...128-131
スペース・メーキング・ファシリテーション...128-131
生化学的な解釈と転写.....................................41-44
成果の評価...30-31
成果物のプレゼンテーション.....................219-222
　　サンプルアジェンダ..............................220-222
　　成果測定..220

目標..219
正式な記録係.............→ミーティングの記録係を参照
セールスミーティング................................161-164
　　サンプルアジェンダ..............................162-164
　　成果測定..162
　　誠実でいながら目標を達成する...........165-167
　　目標..161-162
説明責任者...192,202
創造性と不安..103-107
創造性バイアス..103
組織的研修..207
組織における政治的影響力.............................139
組織文化...136-156
　　2つの文化...137-138
　　新しい文化を作る..............................141-143
　　議論の場で変化の機会を探る...........144-145
　　失敗から学ぶ.....................................153-154
　　第三者による変化.............................145-146
　　人々を変化に向かわせる.................149-152
　　古い文化を変える.......................................143
　　ミーティングに潜む怒りの感情................155
　　ミーティングは理解を助ける..........138-141
　　問題を直視して変化を見つける.......146-148
尊大な問いかけ..112,115

— た
ダイアナ・ラーセン...242
『大学の講義法』..46
台本通りのファシリテーション.................117-119
タイム・タイマー...31
タイムボックス化...232
対立
　　制約としての..90
　　非暴力コミュニケーションで
　　切り抜ける...251-254
　　ファシリテーション能力.................132-133
　　プロジェクト・キックオフワークショップに
　　おける...195
脱線
　　アイデアのパターン認識............................76
　　〜したアイデアをまとめる
　　パーキングロット.............................133,181
　　動機を明らかにする質問...........................114
発散思考と収束思考の
ファシリテーション..........................92,100-101
ダナ・チズネル.........................54,140,176,221
頼れる基本の台本..119
短期記憶...39
炭水化物...49-52
たんぱく質...51-52,60
ダン・ローム...127
チェックイン
　　視程..207
　　〜にデザイン思考を取り入れる.............24-26
中間地点のミーティング..........................206-235
　　アジャイル式デイリースクラム..........208-212

索引　259

週に1度のプロジェクトチェックイン 212-215
批評 222-226
プレゼンテーション 219-222
「リーンコーヒー」チェックイン 215-218
ワークショップ 231-234
中期期憶 41-44,60
デイブ・グレイ 128,187,200,231
ディペンデンシー 173-174,212
ティム・ブラウン 23
デイリースクラム 208-212
定例会議
　～にデザイン思考を取り入れる 24-26
　微調整を加える 30-31
データおたくランチ 144
適度に複雑なコンセプト 66,78-79,85
デザイン原則アジェンダ 63,68,73,76,82-83
デザイン思考 25-26
デザインスタジオ・エクササイズ 198-201
デザインの制約 ....→ミーティングの制約を参照
デザイン・ファシリテーション 131-133
デザインプロセス 23,33
デビッド・シベット 121,123,124,231
デビッド・ストラウス 92,93,94,95
デビッド・スライト 25
電話会議ツール 98
動機を明らかにする質問 114,116
ドット投票 176,178-179,186,218,226,234
ドナルド・ブライ 46

──な
「なぜ」と質問し続ける 184-185
燃料補給のための食べ物 49-52,60
脳 ....→記憶を参照
　燃料補給のための食べ物 49-52,60
　ミーティングデザインの
　　制約としての記憶 39
　脳のアウトプットモード 44-45
　脳のインプットモード 44-48
　　聞くこと 45-46,53
　　視覚化（ビジュアライゼーション）..........53-56
　　燃料補給のための食べ物 49-52
　脳のインプットモードとして手を使う 56-58
　脳のプロセスとしての転写 41-44
　脳のプロセスとしての解釈 41-44

──は
バックログ 210
発散思考 92,100-102,108
パワーポイント批判 74
パーキングロット 133,181,213-215,238
非言語コミュニケーション 98
ビジネス用チャットツール、
　情報の非同期的なやりとり 26
ビジュアル・ファシリテーション 56,60,119-128
非同期型コミュニケーション 26,45
批評 222-226

サンプルアジェンダ 224-226
成果測定 223
プレゼンテーション 223
目標 223
非暴力コミュニケーション（NVC）.....250,251-254
ピラーズ 111
ファシリテーションスタイル 117-131
　台本通りか臨機応変か 117-119
　ビジュアルかことばか 119-123
　余白を作る（スペース・メーキング）か
　余白を埋める（スペース・フィリング）か....128-131
ファシリテーション戦略 110-117
　感情を明らかにする質問 113-114
　行動を明らかにする質問 114-115
　システムを明らかにする質問....................... 115
　質問の設計を活かす 115-117
　動機を明らかにする質問 114
　適切な質問をする 112-117
ファシリテーションによって
意見の対立を乗り切る 88-109
　革新的な考え方と
　変化をおそれる気持ち 103-107
　クライアントとコンサルタントの
　意見の対立 90-91
　ファシリテーションの役割 92-96
　モバイルデバイスのための
　ウェブサイトの再設計 88-90
ファシリテーションにおける質問の設計 115-117
ファシリテーター
　個人のスタイル
　.................→ファシリテーションスタイルを参照
　仕事の定義 92-93
　チェックインミーティングの 213
　～の指名 96-97
　批評の... 224
　ファシリテーターがやりがちな間違い 93-94
ファシリテーターの能力 131-133
　能力と対立 132-133
　ファシリテーターの能力とは何か 131-132
ファシリテーターの偏見 94,95,108
　適切な質問をする 112-117
不安と創造性 103-107
フィージビリティ 191,194-196,198
フィデリティ 23
フェーズ／スプリント 171-174
付箋 57-58,60-61
ブレインストーミング 102,175-179
　サンプルアジェンダ 177-179
　成果測定 176
　目標 175-176
プレゼンテーション、
同期型の情報コミュニケーション.............44-45
プロジェクト開始時のミーティング.........160-204
　OKRミーティング 180-186
　キックオフミーティング 160
　クイックオフ 171-175

260

ステークホルダー・インタビュー 168-170
　　セールスミーティング 161-167
　　ブレインストーミング 175-179
　　プロジェクト・キックオフワークショップ
　　　.. 190-203
プロジェクト管理ソフト 174-175
プロジェクト管理ソフトのTrello 174-175
プロジェクト・キックオフワークショップ... 190-203
　　サンプルアジェンダ 192-203
　　成果測定 191-192
　　目標 190-191
　　ワークショップの時間とコスト 187-189
プロジェクト・スポンサー 137
プロジェクトのリスク、
　キックオフミーティングにおける特定 171
文化リサーチの手法 113
米国教育省 188
米国国立衛生研究所 235
ペインポイント 138, 151, 167
ベン・ザウエル 250, 251-254
報告先 192
ボード上で視覚化 28
ポートフォリオのレビュー 163-164
ポジショニング・ステートメント 163

— ま
マーゴット・ブルームスタイン 48, 49-52
マーシャル・ローゼンバーグ 252, 254
マイケル・ドイル 92, 93, 94, 95
マジカルナンバー7±2 71
マルチメディアラーニング 53
ミーティング
　　インプットモードとアウトプットモード 44-45
　　コスト 80-81
　　定義 32
　　デザインの問題としての 11-12
　　ふり返るための時間 47
　　リモート、ファシリテーション 97-99
ミーティング行動のモデルを示す 141
ミーティングにおけるディスカッション
　　知識の共有 144-145
　　脳のインプットモードとしての聞くこと 45
　　人々をものごとの新しいやり方に
　　関心を持たせる 149-152
　　ファシリテーションのパターン 99-102
　　ファシリテーターの失敗 94-96, 108
ミーティングに潜む怒りの感情 155, 251-252
ミーティングの記録係
　　ファシリテーションにおける役割 94-95, 108
　　リモートミーティングの記録ー................. 97-98
ミーティングの持続時間
　　記憶ステージの長さとの対比 43
　　上手に耳を傾けられる 45-48, 60
ミーティングの制約 34, 36-86
　　対立 90
　　デザインの制約としての記憶 37-38

　　脳のインプットモード 44-59
　　ミーティングの記憶 38-44
　　ミーティング前のインタビュー 69-70
　　期待の調査 191-192
目標と主な結果のステートメント（OKRs）........ 180
モバイルアプリのデザインプロジェクト 193
モバイルデバイス 149-152
問題の定義 26-28
　　ブレインストーミングセッションにおける..... 176

— や
ユーザー受け入れテスト（UAT）
　　欠陥ログレビュー 237-241
　　サンプルアジェンダ 239-241
　　成果測定 239
　　目標 238
ユーザビリティテスト 138

— ら
「リーンコーヒー」チェックイン 215-218
　　サンプルアジェンダ 217-218
　　成果測定 216
　　目標 216
リチャード・E・メイヤー 41, 53
リモートミーティングとファシリテーション.. 97-99
リモートミーティングのためのウェブカメラ 99
リモートミーティングのための
　スケッチボードツール 98
リモートミーティングのための
　ホワイトボード 98-99
臨機応変型ファシリテーション 117-119
レスポンシブデザイン 149-152
レスリー・ヤンセン - インマン 141-143
レトロスペクティブ 241-244
連邦人事管理局のプロジェクト 136-137

— わ
ワークアウト・ミーティング 133
ワークショップ 231-234
　　サンプルテンプレート 232-234
　　時間とコスト 187-189
　　成果測定 232
　　〜のデザイン 231
　　目標 231

索引　261

謝 辞

　本書があるのは、幸運にも私が、世のなかをもっといい場所にしたいと願う賢明な人たちに囲まれているおかげだ。

　アンジェラ・コルターは本書のディベロップメントエディター。アンジェラの共感的な視点、正直な評価、凡庸を許さぬ姿勢が、本書の完成にとって不可欠だった。そしてこれを書いている今、彼女は私の妻でもある。いろいろありがとう。

　ジェス・アイビンス、マイク・モンテイロ、ダン・ブラウンはテクニカルレビュアーとしてきわめて有益な洞察を提供してくれた。彼らの専門知識は私のそれをはるかにしのぐ。貴重な時間と尊敬に値する聡明さにお礼を言いたい。

　ルー・ローゼンフェルド、マルタ・ジャスタック、ローゼンフェルド・メディアのチームとの仕事はすばらしい経験だったし、早いうちから何度も彼らと時間を共有することで、ライターとしても人としても向上することができた。ありがとう。

　ロバート・ジョリー、ダン・モール、G・ジェイソン・ヘッド、ドナ・リチョウ、ギルズ・コルボーン、アバハ・リーブタグ、デイブ・グレイ、ジェフ・ゴーセルフ、スティーブ・ポーチガル、ジェームズ・マカヌフォ、ジャレード・スプール、ダナ・チズネル、ジェフリー・ゼルドマン、カレン・マクグレン、デレク・フェザーストーン、サラ・ワハター──ベッチャー、クリス・キャッシュドラー、アンディ・バッド、ジョシュ・クラークは、お酒を飲みながら、あるいは食事をしながら、グッドタイミングで的確なアドバイスをくれたかけがえのない人たちだ。ありがとう。次は僕がおごるよ。

　他にも素敵な人たちがこの本に貢献してくれた。彼らがしてくれたことすべてをここに書くわけにはいかないが、もし彼らと話をする機会があったら、そのあときっとあなたは何倍も賢くなっているにちがいない。アーロン・ウォルター、アーロン・イリザリー、アーロン・パークニング、アダム・コナー、アリソン・ビーティー、ベン・ザウエル、キャリー・ヘイン、ケニー・ボウルズ、デビッド・スレイト、エリーゼ・キース、エレン・デ・フリース、イーサン・マルコッテ、アイダ・アーレン、ジェームズ・ボックス、ジェシー・タガート、ジム・コールバッハ、ケイト・ラター、レスリー・ヤンセン──インマン、マーゴット・ブルームスタイン、メーガン・ケーシー、サマンサ・ソーマ、サラ・B・ネルソン。あなたたちのような大人になれたらよかったのに。

　私はこの20年にキャピタルワン、セブン・ヘッズ・デザイン、ボードシング、スーパーフレンドリー、ハッピー・コグ、MICA、バルチモア大学、ガウチャー大学、イーノック・プラット無料図書館などの多くの企業で驚くほど有能な人材やクライアントと仕事をしてきた。この本への道筋をつけてくれて感謝している。

　私がスピーチをした世界中の多くのイベントのすべての主催者の方々、私を信じ、オーディエンスの生活を向上させる後押しをさせてくれてありがとう。

　これまでに偉大な人たちがミーティングをテーマにした書籍を書いている。彼らがずっと以前に提起した問題をいくらかでも深く掘り下げられていればいいと思う。マイケル・ドイル、デビッド・ストラウス、サム・カナー、サニー・ブラウン、デビッド・シベットのインスピレーションにお礼を言いたい。

　私の両親もそれぞれに仕事や家族への献身ぶりが刺激を与えてくれる人たちだった。彼らの温かさと助言がほんとうに恋しい。兄弟や親類たちが、懸命にそして賢明に働くこと、根拠のある選択をするとはどういうことか、両親の教えを思い出させてくれるのはありがたい。

　最後になるが、愛する息子オーウェンにお礼を言う。君は毎日のひらめきのもとだ。家族としていっしょに学び、笑う時間が、何かを選ぶときには必ずヒントをくれる。

著者プロフィール

ケビン・M・ホフマンは、人とアイデアとソリューションをつなぎ、業界が頭を悩ませているデザインの問題を解決する。キャピタルワンのデザイン部門バイスプレジデントとして、ケビンは実に優秀な70名を超える人材からなるチームとともに、デザインのあらゆる分野を評価し、検討し、成長させる責任を負っている。キャピタルワンの前は、大規模プロジェクトで頻繁に共同作業に取り組んでいたデジタルデザインシンカーのネットワーク、セブン・ヘッズ・デザインを立ち上げ、率いていた。ケビンは、キャリアを通し、キャピタルワン、ザッポス、ハーバード大学、任天堂、MTVなどの主要ブランドの信頼を勝ち取り、デザインシンカー、会社設立者、そしてプロダクトマネージャーの役割を果たすうち、何かを作るときの人々のインタラクションに関して独自の見解を持つようになった。ケビンは定期的に世界中の会議でその洞察を発表している。

http://kevinmhoffman.com

ミーティングのデザイン
エンジニア、デザイナー、マネージャーが知っておくべき会議設計・運営ガイド

2018年 9月25日　初版第1刷発行

著者	ケビン・M・ホフマン
訳者	安藤貴子
発行人	上原哲郎
発行所	株式会社ビー・エヌ・エヌ新社
	〒150-0022 東京都渋谷区恵比寿南一丁目20番6号
	FAX:03-5725-1511　E-mail:info@bnn.co.jp
	www.bnn.co.jp
印刷・製本	日経印刷株式会社

翻訳協力：遠藤康子、株式会社トランネット
版権コーディネート：イングリッシュ・エージェンシー
日本語版デザイン：waonica
日本語版編集アシスタント：松岡 優
日本語版編集：村田純一

ISBN978-4-8025-1112-4
Printed in Japan

○本書の内容に関するお問い合わせは弊社Webサイトから、またはお名前とご連絡先を明記のうえE-mailにてご連絡ください。
○本書の一部または全部について、個人で使用するほかは、株式会社ビー・エヌ・エヌ新社および著作権者の
　承諾を得ずに無断で複写・複製することは禁じられております。
○乱丁本・落丁本はお取り替えいたします。
○定価はカバーに記載してあります。